800張圖解＆關鍵步驟，釣魚高手從用刀、
血、切法、熟成，到超過100種醬料與黃金食譜
全方位掌握關於魚類和海鮮的知識與技法

式海鮮料理圖解聖經

金志敏
（KIM JI MIN／김지민）
著

常常生活文創

韓式海鮮料理圖解聖經

800 張圖解 & 關鍵步驟，釣魚高手從用刀、活締、放血、切法、熟成，
到超過 100 種醬料與黃金食譜，傳授你全方位掌握關於魚類和海鮮的知識與技法

作　　者／金志敏（KIM JI MIN／김지민）
譯　　者／楊雅純
責任編輯／林志恒
封面設計／林家琪

發 行 人／許彩雪
總 編 輯／林志恒
出 版 者／常常生活文創股份有限公司
地　　址／106 台北市大安區信義路二段 130 號

讀者服務專線／(02) 2325-2332
讀者服務傳真／(02) 2325-2252
讀者服務信箱／goodfood@taster.com.tw

法律顧問／浩宇法律事務所
總 經 銷／大和圖書有限公司
電　　話／(02) 8990-2588（代表號）
傳　　真／(02) 2290-1628

製版印刷／龍岡數位文化股份有限公司
初版一刷／2022 年 4 月
定　　價／新台幣 599 元
ISBN ／ 978-626-96006-0-1

國家圖書館出版品預行編目 (CIP) 資料

韓式海鮮料理圖解聖經：800張圖解 & 關鍵步
驟，釣魚高手從用刀、活締、放血、切法、熟
成，到超過100種醬料與黃金食譜，傳授你全
方位掌握關於魚類和海鮮的知識與技法/金志
敏作；楊雅純譯. -- 初版. -- 臺北市：常常生活
文創股份有限公司，2022.04
　　面；　公分
ISBN 978-626-96006-0-1（平裝）
1.CST：海鮮食譜 2.CST：烹飪
427.25　　　　　　　　　　111005354

FB｜常常好食　　網站｜食醫行市集

作者序

隨著國民收入提高，休閒和生活品質也跟著提高，尤其飲食的品質特別重要，這與不知從何時開始出現的「吃貨」和「明星主廚」不無關係，但久而久之也給觀眾帶來疲勞感。現在還有個趨勢，就是人們對食材的興趣，遠勝於食物本身。

韓國在1990年代初開始興起海釣，時間並不長。釣魚人口雖然急劇增加，但處理魚的方式，仍有很多課題需要解決。

在我們不知情的狀況下，海邊有很多生命無緣無故死去。有些人把捕獲的魚直接丟在岩石上或扔進水溝引發惡臭。既然不是為了吃而釣魚，那就應該放了釣起來的魚。如果是為了吃而釣的魚，就應該將其做成美味的料理。不知道該怎麼正確處理和烹調的人其實比想像的還多。如果可以將釣起來的魚做成美味的料理放在餐桌上，就可以超越單純的興趣，品嚐到真正自然料理的精髓。

問題在於如何烹飪，也是撰寫這本書的動機。剛捕撈上來的海鮮是很好的食材，如果不能充分利用，就不能展現其美味。我的初心是把因為興趣而釣來的海鮮做成美味的料理，和家人一起分享，並找到釣魚的意義。

本書介紹將各種海鮮食材以最簡單、乾淨處理的方法，以及滿滿值得收藏的食譜。另外，從刀、砧板的細節，到去腥、保持鮮度的秘訣，以及切生魚片的技術等。

不僅是喜歡釣魚，任何喜歡海鮮的人都可以在本書獲得有用的資訊。有別於別的書多半單純按順序排列食譜，這本書則是根據海鮮食材特性，添加調味料和烹飪方式，讓讀者可以做出最美味的料理。

我想積極把這本書推薦給喜歡釣魚及海鮮的人，還有主婦和準廚師們，也希望它能激勵更多熱愛海鮮的人。

金志敏 김지민

推薦序

白種元 백종원／餐飲經營專家
這本書是作者金志敏嘔心瀝血之作，深深蘊含著對大海的熱愛，他將深奧的大海食材解釋得通俗易懂，讓難以處理的海鮮料理變得更容易接觸並簡單操作。它提高了大家對海鮮的關注，讓我們更期待餐桌上豐富美味的料理。

朴鎭徹 박진철／《ARTTNUS》CEO及演員
你不僅可以透過這本書享受美食，還可以同時享受釣魚的樂趣。書中包含了來自豐富經驗的海鮮常識和烹飪技巧，我一定會向所有垂釣者推薦這本書。

金星煥 김성환／廣播節目製作人
金志敏在海上花很長的時間，並利用獲得的食材創造了新的食譜，讓我們重新發現海洋的價值。

姜成範 강성범／喜劇演員
志敏要出書，讓我想起他做的料理。當我們在越南拍攝《生氣的魚》時，他做給我們的燉魚非常好吃。市面上爲垂釣者所寫的食譜書很少，現在他們都可以透過這本書和家人一起品嚐美味的海鮮料理了。

金城澈 금성철／〈high1度假村〉烹飪組長
對於生活在現代的人們來說，食品的重要性已經不是遙遠的事情了，維持生活的健康是現代人非常重要的課題。在這本書，我們得到了關於海鮮料理正確而有價值的訊息。

朴正勳 박정훈／善林大學酒店外食經營系教授
這是一本經過規劃、組織、整理的書，任何人都可以跟著輕鬆做出家中不常見的料理。金志敏獨特的語言和豐富的水產知識，誕生了這本有趣的料理書。看書的時候，我學到超乎只是吃的概念，用新穎並令人感到愉快的內容來學習料理。不僅推薦給喜歡釣魚的人，也強烈推薦給新手和一般大眾。

目錄

● 如何閱讀本書 書中使用的計量方法 _008

PART 01

製作海鮮料理一定要知道的事

CHAPTER 01　處理海鮮重要基本工具 _012

CHAPTER 02　關於用刀 _014

CHAPTER 03　使用磨刀石磨刀刃的方法 _019

CHAPTER 04　影響飲食衛生的砧板清潔 _022

CHAPTER 05　去魚腥味的方法 _023

PART 02

保持生魚片鮮度的秘訣

CHAPTER 06　保持生魚片鮮度的秘訣 _028

CHAPTER 07　活魚生魚片 vs 熟成生魚片
　　　　　　 vs 鮮魚生魚片 _031

CHAPTER 08　保持新鮮和衛生必須知道的處理程序
　　　　　　 _035

CHAPTER 09　新鮮熟成生魚片的活締處理 _040

CHAPTER 10　放血的技術 _048

CHAPTER 11　刮除魚鱗的方法 _050

PART 03

不同魚種的生魚片處理技術

CHAPTER 12　不同種類的魚及各部位名稱 _056

CHAPTER 13　活魚生魚片的兩次刀法 _060

CHAPTER 14　現抓現吃的生魚片處理方法 _062

CHAPTER 15　比目魚（鮃）生魚片處理法（5片切）
　　　　　　 _064

CHAPTER 16　石斑魚生魚片處理法 _068

CHAPTER 17　比目魚（鰈）生魚片處理法 _071

CHAPTER 18　鯛魚類生魚片處理法（魚頭和骨架裝飾）
　　　　　　 _074

CHAPTER 19　魷魚生魚片處理法 _077

CHAPTER 20　切生魚片的三種方法 _082

PART 04

生活常見海鮮處理秘訣

CHAPTER 21　白帶魚處理法 _088

CHAPTER 22　鯖魚（鹽醃）處理法 _090

CHAPTER 23　鳥蛤處理法 _092

CHAPTER 24　花蟹處理法 _094

CHAPTER 25　海菠蘿處理法 _096

CHAPTER 26　蝦子處理法 _098

CHAPTER 27　鳥尾蛤處理法 _100

CHAPTER 28　魚類處理法（辣湯、熬煮用）_102

CHAPTER 29　角蠑螺（扁玉螺）處理法 _104

CHAPTER 30　魷魚處理法 _110

CHAPTER 31　鮑魚處理法 _112

CHAPTER 32　窩斑鰶處理法 _114

CHAPTER 33　蛤蜊吐沙處理法 _116

CHAPTER 34　小章魚處理法 _118

CHAPTER 35　剝皮魚處理法 _120

CHAPTER 36　水針魚處理法 _122

CHAPTER 37　海參處理法 _124

PART 05

海鮮燒烤 & 炸物
漁夫的黃金食譜

CHAPTER 38　日式炸比目魚排 _128

CHAPTER 39　比目魚排 _131

CHAPTER 40　醬烤大蛤 _135

CHAPTER 41　烤鯛魚頭 _138

CHAPTER 42　糖醋鯛魚 _140

CHAPTER 43　炸鯛魚片 _144

CHAPTER 44　烤大蝦 _147

CHAPTER 45　烤明太子 _150

CHAPTER 46　醬燒魚片 _152

CHAPTER 47　鮮魚煎餅 _156

CHAPTER 48　手工魚板糕 _159

CHAPTER 49　炸大蝦 _162

CHAPTER 50　煎烤遠東多線魚 _165

CHAPTER 51　炸窩斑鰶 _168

CHAPTER 52　烤窩斑鰶 _171

CHAPTER 53　英式炸魚薯條 _174

CHAPTER 54　酥炸水針魚 _177

CHAPTER 55　家庭自製煙燻鮭魚 _180

CHAPTER 56　戶外自製煙燻鮭魚 _183

PART 06

海鮮湯＆飯
漁夫的黃金食譜

CHAPTER 57　白帶魚清湯 _190

CHAPTER 58　鯖魚義大利麵 _193

CHAPTER 59　牡蠣飯 _196

CHAPTER 60　比目魚艾蒿湯 _199

CHAPTER 61　鯛魚鍋飯 _202

CHAPTER 62　鯛魚茶泡飯 _205

CHAPTER 63　清燉斑魢（石斑魚） _208

CHAPTER 64　斑魢蛤蜊義大利麵 _210

CHAPTER 65　石斑魚乾鹹湯 _214

CHAPTER 66　海鮮咖哩飯 _216

PART 07

海鮮涼拌菜＆醬煮
漁夫的黃金食譜

CHAPTER 67　韓式醋拌秋刀魚乾 _222

CHAPTER 68　辣拌大麥黃花魚乾 _225

CHAPTER 69　醬煮鮮魚 _228

CHAPTER 70　石斑魚醬煮黃豆 _230

CHAPTER 71　醋拌小章魚蛤蜊 _233

CHAPTER 72　辣炒小章魚 _236

PART 08

清蒸海鮮＆湯
漁夫的黃金食譜

CHAPTER 73　黑鯛清湯 _242

CHAPTER 74　清蒸比目魚 _244

CHAPTER 75　辣味鳥蛤 _247

CHAPTER 76　清蒸花蟹 _250

CHAPTER 77　花蟹湯 _252

CHAPTER 78　酒蒸鯛魚 _255

CHAPTER 79　韓式五色蒸鯛魚 _258

CHAPTER 80　辣味魚湯 _261

CHAPTER 81　泡菜燉斑魢（鯖魚） _264

CHAPTER 82　鮮蝦辣湯 _267

CHAPTER 83　鳥尾蛤薺菜涮涮鍋 _270

CHAPTER 84　魚骨湯 _273

PART 09

海鮮生魚片＆熟成
漁夫的黃金食譜

CHAPTER 85　醬螃蟹 _278

CHAPTER 86　昆布熟成生魚片 _281

CHAPTER 87　炙燒魚皮生魚片 _284

CHAPTER 88　握壽司生魚片 _288

CHAPTER 89　水燙鯛魚熟皮生魚片 _291

CHAPTER 90　魚乾製作 _293

CHAPTER 91　鮮魚壽司 _296

CHAPTER 92　熟成生魚片 _300

CHAPTER 93　鮪魚生魚片 _302

CHAPTER 94　水拌小管生魚片 _308

CHAPTER 95　特製包飯醬 _311

書中使用的計量方法

計量是製作這本書料理時，爲了做出正確的味道，必須遵守的基本原則。每個人都有自己方便使用計量單位，但爲了讓這本書裡的人都能輕易跟上學習，此書使用了湯匙、茶匙和紙杯。

1大匙

指盛在湯匙裡的滿量，沒有空間再盛其他分量，用於計量白糖，麵粉等粉末材料。

1中匙

指湯匙適當的平匙量。此時如果是粉末要刮平匙，液體則是裝滿。

1小匙

指茶匙適當的平匙量。

1杯

幾乎裝滿紙杯的量。

1把

一隻手可以抓起的量。

PART 01

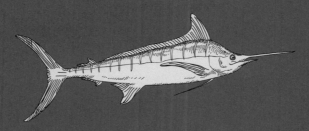

製作海鮮料理一定要知道的事

CHAPTER 01

處理海鮮重要基本工具

美味的魚類、水產料理關鍵在於新鮮度，處理的速度非常重要，因此最好使用符合用途的處理工具。當處理魷魚、章魚、螃蟹時，或是剪掉魚類魚鰭等，有時候使用剪刀會比刀子還有效率。現在開始來看看處理海鮮食材時，所需要的工具，並簡單了解這些工具的用途。

廚房剪刀

廚房剪刀也稱為食用剪刀，當處理的海鮮部位用刀子處理不到時，廚房剪刀相當好用。去除魚的鰓和鰭、處理螃蟹腳和魷魚等頭足類海鮮時，相當方便。

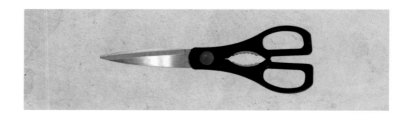

魚鱗刨刮器

用菜刀刮魚皮表面的粘液或鱗片是足夠的，但如果是鯛魚或班頭魚等鱗片較大的魚，用菜刀刮去魚鱗，容易使菜刀損壞，因此需要刮魚鱗刀。

市面上有可以將刮除的魚鱗自動放入魚鱗收納盒的塑膠刨刮器，可以乾淨俐落的處理魚鱗，也有處理黑鯛和烏魚等大魚鱗專用的鐵製刨刮器。

◎ 塑膠刨刮器　　　　　　　　　　◎ 鐵製刨刮器

噴槍

噴槍是連接瓦斯的工具，用在只需噴烤表皮或肉的表面時，也就是運用在炙燒、半敲燒（Tataki）。除了斑魢的帶皮生魚片、鮪魚半敲燒，像炒章魚一樣想要吃熟的材料，使用噴槍效果相當好。

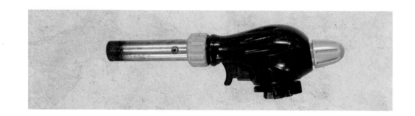

料理用鑷子

料理用鑷子在拔小魚刺時需要用。通常用在剖魚及切生魚片時，要將背肉與腹肉完全分離，並將血合肉和脊椎刺去除。而醋漬鯖魚片或窩斑鰶等小型魚類，通常不會先將背肉及腹肉分離，而是整隻魚切片，因此必須先將脊椎刺拔除。此時，既省力又能輕易拔出刺的工具就是料理用鑷子。

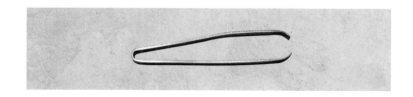

CHAPTER 02

關於用刀

做日本料理時，依照用途會使用很多種刀。從切像魚骨一樣堅硬部位的大刀，剖腹時使用的出刃刀（でば），還有在斷面上平整並可以切成薄片的生魚片刀。有時粗糙，有時需要細緻的刀法，所以選擇適合用途的刀並正確使用在水產品料理中非常重要。

鋼鐵刀

又稱為大刀的鋼鐵刀，是所有刀子中最厚、最重，用於處理海鮮加工的刀。需要將堅固的骨頭及頭部切除，所以相當厚重結實。

Tip
切斷魚骨及去除內臟時，可以用刀背（刀背尖處）將內臟膜去除及刮掉雜質。

出刃刀

出刃刀是在剖開魚類時使用，但像鯖魚、秋刀魚這樣的小魚，連切頭、剖腹、刮內臟都用這把刀。刀本身有重量感，刀柄有厚度，不用太費勁就能切開肚子並切斷骨頭。根據長度和重量的不同，用途會有所不同，大而重的像鋼鐵刀一樣，相對也有小而輕的用來剖肚。

生魚片刀

在日本被稱爲「柳刃刀」，在剖開生魚時，最後階段切生魚片工作中所使用。生魚片必須厚度一致、切面不粗糙並乾淨利落。如此將魚肉放進嘴裡時，才可以感受到特殊口感。生魚片切工需要一氣呵成，因此需要長20cm鋒利的刀。

基本握法 1

刀要拿得正確，才能避免受傷，並更有效的處理食材。從一開始接觸刀就養成良好習慣，避免日後錯誤的操作，透過這次機會來熟悉正確的拿刀方式。

基本握法1是在切魚或剖魚時，所需使用的握法。要領就是把食指放在刀背上，可以用食指的力量調節切魚的力道。

基本握法 2

將五隻手指握在刀把上，為刮除內臟的方法，以及大力剁魚骨及敲打魚下巴時。

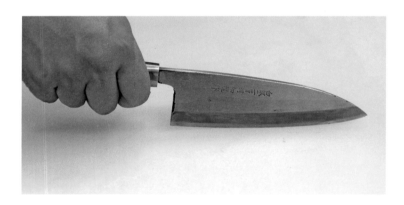

抓刀身

用刀身支撐手指的握法，是用來剖開魚肚或平切開魚肚的手法。

選擇刀具要領

自己要使用的刀一定要適合自己的手，雖然現在可以在網路購買刀具，但最好親自購買比較方便。直接感受刀子的重量感是否適合自己，刀柄的長度要剛好自己手掌握得住，刀身直挺沒有彎曲。最重要的是需要選擇適合要切割魚種的刀，如果是像鯛魚這樣的硬骨頭和較大的魚，使用較厚的出刃，如果處理大鮪魚這種大型魚類，則需要選擇又厚又重的刀，如出刃刀（或大刀）；如果處理小型魚類時，則須又薄又輕的刀子。

刀具保養

應定期磨刀，擦乾淨後存放在陰涼、通風處。如果刀生鏽，請立即用沾濕的報紙擦拭。不經常使用的刀，在抹布或廚房毛巾上塗油以防止生鏽，然後用報紙捲起來並存放在避免陽光直射的地方。

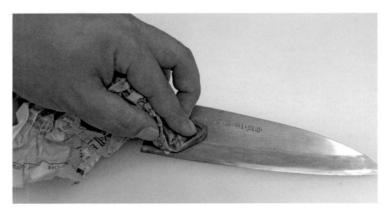

◯ 用沾濕的報紙擦拭生鏽地方。

◯ 用報紙包起來保管。

CHAPTER 03

使用磨刀石磨刀刃的方法

刀子需要在磨刀石上磨刀,以保持刀具平常的良好狀態。磨刀石依據粗細係數有不同的種類,如320號/800號/1000號/3000號/5000號/8000號/12000號等,數字越小,顆粒越粗;相反的數字越大則越光滑。如320號粗磨刀石是拿來磨已經損傷的刀子,需要馬上維修時。而5000號以上的細磨石則是要將刀磨得像剃刀一樣鋒利。此外,中等號的1000號磨刀石用於處理廚房用刀等基本刀具,適合切任何魚種刀刃鋒利的刀子。如需要俐落的切熟成魚等肉質較軟的魚肉或者像河豚和活生魚片等需要切成薄片的肉,刀片就需要更鋒利,因此建議先使用1000-2000號磨刀後,再用5000號磨刀石。

接下來我們來了解一下基本1000號磨刀石磨刀的過程。

準備用品

① 生魚片刀
② 出刃刀
③ 各種廚房刀和水果刀
④ 乾淨抹布
⑤ 鋼盆和磨刀石

① 磨刀石放在水裡約30分鐘。

② 將刀子放在水裡沾濕。

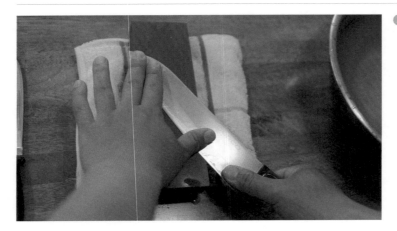

③ 將磨石放在沾濕的抹布上，右手握住刀柄，拇指固定刀背。接下來用左手拇指、食指和中指壓住刀身。握住刀柄時，基本原則是刀鋒必須正對著自己。本書中以右手使用的刀子為主要說明。左撇子則反方向操作。

Tip 可以用濕布墊在磨刀石底下以固定。

④ 刀背稍微往上傾斜，只有刀鋒碰觸磨刀石。此時刀子與磨刀石角度大約20°即可。

⑤ 將刀尖對準磨刀石最下方，稍微使用一點力量，以對角線的方向往前推，再鬆開力氣拉回來。最重要的是磨刀石所有的面都要用到，這樣不會有的角落沒被磨到。如果照本書的說明進行操作，則可以從刀尖均勻地磨到刀跟處。

Tip 磨刀石與刀必須維持水分，因此在磨刀作業中要經常加水。

⑥ 以同樣的方式處理刀反面,從刀尖到刀跟均勻操作。

⑦ 不過磨刀子的另一面,就不需用力磨,只要輕輕的推拉磨刀即可。

> Tip 磨好刀後,用洗潔精徹底清洗並完全擦乾再使用。

雙面刀如菜刀或水果刀兩面都會使用,因此前後都用一樣的比重磨刀,但像出刃刀、生魚片刀等日本料理用刀,只使用一面的刀,大約以70%和30%比例磨刀即可。像出刃刀比較厚,速度和來回次數會比普通刀提高1.5倍(40-50次往返)。

CHAPTER 04

影響飲食衛生的砧板清潔

可以毫不誇張地說，所有食物的衛生都取決於砧板。特別是在處理魚和海鮮時，鱗片、鰭和腸很容易繁殖各種細菌，因此須根據用途準備二~三個砧板。將活魚打量、去除魚鱗及內臟時，可以使用塑膠或木質砧板，但在切魚、切生魚片、各種加工材料時，建議用不會有細菌繁殖的抗菌塑膠砧板，尺寸則越大越好。

HOW TO

① 用沾有廚房用洗滌劑的刷子把砧板擦乾淨。

② 用廚房紙巾蓋住砧板後，將廚房漂白劑或溶解的小蘇打水，倒入噴霧器中並均勻噴灑。

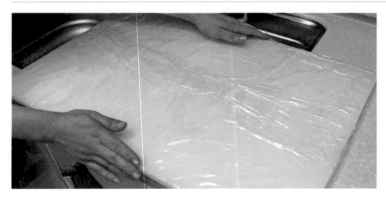

③ 為了防止水分乾掉，裹上保鮮膜靜置10~20分鐘，再用洗滌劑洗淨，然後在通風良好的地方晾乾。

　Tip 木頭砧板容易滋生各種病菌，建議經常用菜瓜布沾廚房洗劑擦拭後，沖洗乾淨，陰涼處晾乾。

CHAPTER 05

去魚腥味的方法

烹調魚料理時,利用魚的各種特性(質地和味道)進行烹煮很重要。但如何有效去除魚腥味更重要。再新鮮的魚,其魚鱗、鰭、鰓都含有引起腥味的物質,新鮮度越低,臭味越重。魚腥味是由一種叫做三甲胺(Trimethylamine)的物質通過細菌酶產生的。而去除魚腥味的方法有很多種,讓我們學習一些可以在日常生活中輕鬆操作的代表性方法。

使用牛奶和洗米水

烹飪前30分鐘,把魚泡在牛奶或洗米水裡,具減少腥味的效果。特別是牛奶,不僅煮魚,在煮雞的時候也經常使用,如果把魚泡在牛奶裡,牛奶的蛋白質成分會吸收三甲胺,不僅能去除腥味,還能使肉質變得柔軟。

◎ 牛奶和洗米水

使用啤酒、綠茶包	浸泡在消泡的啤酒和綠茶裡也是消除魚腥味的好方法。綠茶還可以起到去除油膩、殺菌的效果。

使用清酒、檸檬汁、薑汁 **Tip** 檸檬汁直接噴灑在主材料上時，可利用噴霧器均勻噴灑。	烤魚或燉魚時，可以撒上清酒（或料理酒）、檸檬汁、薑汁，可以去除腥味。如果沒有清酒，可以使用燒酒，但使用燒酒則只需要用清酒1/2的用量。使用檸檬汁，具有弱酸性的檸檬酸成分是可以去除魚的腥味。在湯裡加入清酒（或燒酒）比檸檬汁更有效。生薑汁用於燉湯、醬汁和燉菜料理，有助於抑制魚的腥味。

使用綠茶葉	烤魚的時候，在平底鍋裡抹上油，然後放入綠茶葉，這樣可以有效地去除腥味。

使用大醬、咖哩粉	雖然不是完全去除腥味的方法，但在醬汁中加入大醬，在調料中加入咖哩粉，對去除腥味有極佳的效果。

去除煎鍋裡的魚腥味	以下方法可以去除做過魚料理的鍋子內殘留的腥味。

方法1   在平底鍋裡抹上油後煎大蔥。

方法2   燒熱的平底鍋中，加入1中匙醬油後擦乾淨。

PART 02

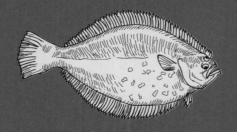

保持生魚片鮮度的秘訣

CHAPTER 06

保持生魚片鮮度的秘訣

在生魚片店買來吃，不用特別注意保鮮。但自己直接搬運活魚做爲生魚片材料，保持鮮度是非常重要的。下面我們來了解幾種保持生魚片鮮度的方法。

活魚狀態搬運方法

要想以活魚的狀態搬運，需要用到可維持生命的冰桶（例如LIVEWELL）和輸出功率好的打氣機。

在冰桶裝上海水後，放入打開的打氣機，乘車時一定要蓋好。如果沒有關好，桶內的海水會溢出，不是只有海水溢到後車箱，而且會因爲壓力的關係，造成魚的肉質變鬆，味道也會下降。另外，如果海水裝的太多，即使打開打氣機，

也會造成魚的活力下降。因此訣竅是只要裝足夠淹滿魚的海水量即可。再放入1-2罐結凍的礦泉水，隨著水溫下降，活魚就會陷入假死狀態。特別是在盛夏，爲了防止活魚在狹窄的空間因水溫高、受到壓力而死亡，應該進一步降低水的溫度。

鮮魚的運輸方法

如果無法維持活魚狀態，將魚放血後再運輸也是個很好的方法。鮮魚運輸時需要裝滿足夠的冰塊(以50公升的冰桶爲例，需要兩大包)。先將魚舖在冰桶最底下，再用報紙或是魚網袋等物品夾在冰塊與魚之間，避免魚直接接觸冰塊。把冰放在最上面，可讓冷空氣均勻循環，有助於保持新鮮度。

如果用保麗龍箱搬運時，可將冰塊放滿箱子兩邊後蓋上蓋子，然後用膠帶仔細密封。維持新鮮度，沒有比海水冰塊更好的了；但一般都沒有使用海水冰塊的條件，所以用一般的冰塊必須盡可能密封保麗龍箱，防止冰融化的淡水流出。海

魚最重要的關鍵是要保持低溫，也必須避免接觸淡水，因此如果要清洗魚肉上的異物，應該避免鮮魚長時間浸泡在自來水中。

帶回來的鮮魚可以直接處裡內臟後，用抹布或廚房紙巾捲起來，放入密閉容器中，存放在0~1℃的冰箱裡，最多兩天內可以以生魚片食用。超過36~48小時的話，肉質會變軟，因此可以做為壽司、生魚片蓋飯、鍋飯、清湯等；如果已經超過4天，則是可以做辣魚湯、燉湯、烤魚。

CHAPTER 07

活魚生魚片 vs 熟成生魚片 vs 鮮魚生魚片

對於一般消費者以及生活在大海附近的人來說，最習慣吃的就是活魚生魚片，因此對熟成生魚片和鮮魚生魚片感到陌生，也覺得不合口味。但是在飯店或高級日式餐廳都是以活魚熟成，接到點餐後再切片供應的情況很多。在那種地方所處理的魚片用量很大，可以達到7-8人份以上，因此事先處理好，並進行熟成後，也可以有效率消耗少量訂單。因此需要了解高級餐廳使用熟成生魚片的理由。

熟成生魚片的祕訣

從結論上看，熟成生魚片比活魚生魚片的「鮮味」還高出許多。牛肉也是短則7-10天，長則50-100天的熟成期，購買後在家裡追加熟成，肉質會更加柔軟，鮮味也會提高，可以感受到濃郁的肉香。生魚片熟成的理由和牛肉一樣，是為了提高適當的彈性（口感）和鮮味。

牛肉和魚在宰殺後肌肉僵硬的現象是一樣的，牛的肉會產生極大的神經反應，過了幾個小時就會進入死後僵硬狀態，此時肉質會變得非常結實。之後的3-5天肉質變硬，所以要切成薄片吃。但如果熟成5天以上，死後僵硬的肌肉就會逐漸放鬆，熟成越久肉質會越柔軟（餐廳會把烤肉用的牛肉切成1公分以下，就是為了減少肌肉僵硬結實的口感）。

而活魚也和牛肉一樣，基本上魚的肌肉是無法與牛的肌肉相比的，因此在發酵期間有很大差異。活魚在內臟處理完畢後，肌肉會產生反應並進入僵硬、達到最結實狀態，但與牛肉不同，我們把它當作Q彈的口感。死後僵硬的魚在低溫保存超過6-8小時後肌肉會放鬆，24小時後變得非常柔軟，有「生魚片變軟」的感覺（隨著時間的變化，魚肌肉組織的變化根據魚種、大小、活力及宰殺方法的不同而有所差異）。根據不同魚種的肌肉組織，切生魚片的方法也不同。肌肉堅硬的鯛魚、河豚、剝皮魚宰殺後切成厚片口感會變差，因此需要切成薄片。如果經過5-6小變硬的肌肉會放鬆，切成厚片口感較佳，此時為適合食用的狀態。經過熟成過程，肌肉組織得到舒緩的生魚片，要稍微保留厚度，口感才耐嚼。

熟成好的生魚片因ATP（三磷酸腺苷）分解而產生的肌苷酸（IMP，Inosinic acid）大幅增加，因此可以明顯感受到生魚片原有的鮮味，透過自然成分可以得到的鮮味大致分為兩種。

Tip

以活魚狀況在宰殺後前幾個小時會湧出大量的肌苷酸，但隨著時間的推移，其量逐漸減少，以24小時為起點達到最大值。此後，這種肌苷酸沒有明顯增加，會維持在小幅下降狀態，達到會產生腐敗的數值。

麩胺酸（Glutamate）

這是牛肉、海帶等的鮮味成分，放入水中長時間煮，麩胺酸就會融化，成為美味的肉湯。將甘蔗發酵而成的味精也是麩胺酸和鈉混合而成的結合體，以得到鮮味。

肌苷酸（Inosinic acid）	主要來自魚的鮮味成分。在活魚中，這種肌苷酸的量極少，但如果將魚低溫發酵，隨著時間的推移，這種肌苷酸會增加，這就是爲什麼在熟成的生魚片中能感受到比活魚生魚片更強烈的鮮味。

海鮮發酵各階段變化	以下圖表說明了活魚宰殺後，肌肉僵硬、放鬆、自我消化到腐敗的階段。魚的肌肉上產生細菌等微生物的時間點，從肌肉放鬆到引起腐敗會大幅度增加，所以我們抓活魚後放至冷藏庫到處理成可以吃的生魚片，最多2-4天左右（依活魚種類、狀態、大小，以及宰殺的方式時間會有所不同）。

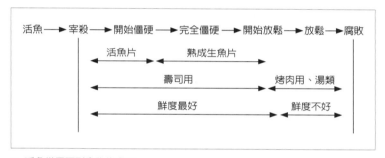

◐ 活魚從僵硬到腐敗的過程

以下①條件下，熟成時間較長，②很難超過3~4天。

① 長時間保持熟成時間的情況	② 不能長時間保持熟成時間的情況
・最佳活力時宰殺	・因缺氧而死亡
・活締（脊髓麻痺）	・一般放血
・2公斤以上的活魚	・1公斤以下的小活魚
・白肉魚	・背部綠色的魚
・鯛魚類	

假設活魚現殺，在低溫（1~4℃）下冷藏熟成，隨著時間的推移，狀態變化如下。在一般人的口味上，②~③之間的狀態最合適，做壽司時使用④比較適合。

① 0小時 （生魚現殺→活魚片）	根據魚種的不同，口感像糯米糕一樣鬆軟，也有過度Q彈的口感（根據魚種的不同，也有可能是結實口感）。
② 1~3小時 （肌肉開始僵硬→新鮮魚）	口感柔軟有彈力。
③ 5~6小時 （完全僵硬→熟成魚）	口感有嚼勁，味道鮮美。
④ 24小時以上 （熟成化→變軟期肌苷酸最大值）	味道鮮美，但有點軟。因此，24小時以上的熟成會被用於專門賣熟成魚的餐廳、日式餐廳或壽司。
⑤ 48小時以上 （熟成化→變軟期肌苷酸最大值）	味道非常好，但口感較差，因此大多用作壽司、部分生魚片蓋飯。
⑥ 經過4~5天 （軟化）	這個階段開始，最好用使用來燒烤和湯醬類，而不是生魚片。
⑦ 經過6~7天 （自我消化）	鮮度不好，一定要煮熟了再吃。
⑧ 8~9天以上 （開始腐敗）	引發食物中毒細菌會增加，所以最好不要吃。

CHAPTER 08

保持新鮮度和衛生，必須知道魚的處理順序

要保持魚新鮮度和衛生，一定要了解正確處理魚的順序。魚的烹飪方法不同，順序也會不同，所以與其無條件地背誦下面的內容，不如理解每個階段的意義。

第一階段
殺死神經，放血

在處理生魚片用魚時，在活著的時候放血是非常重要的。在流行吃活魚生魚片的韓國，大部分省略了刺死要害或麻痺脊髓的「活締」工作。但是，如果想以鮮魚生魚片熟成後食用，最好進行活締的作業。

◎ 刺入要害（腦），現殺

**第二階段
去鱗**

擅長切生魚片的人會省略這個過程，但實際上魚鱗粘著各種細菌，刀切到魚鱗也有傷手的危險，所以最好徹底刮掉。特別是鯛魚和魴魚等使用魚頭的料理，仔細去除整個魚頭的鱗片非常重要。

◎ 越是大的魚，魚鱗更須刮除乾淨

**第三階段
頭身分離**

像鯖魚、六線魚小型魚類，只要把頭部切2/3，拉一下，就可以和內臟一起分離。另外，如果是要跟魚頭一起煮的小魚或加入海苔酥的小魚，就不用切魚頭，將魚肚剖開即可。

◎ 切除魚頭

第四階段
去除內臟

從大魚肛門處入刀剖開肚子，取出內臟，小魚在切魚頭後同時拉出內臟。去除內臟的地方還留有內臟膜和血塊，用刀背、除內臟用竹刷或鐵刷清乾淨，再用水沖洗。

◎ 乾淨已去除內臟的魚

第五階段
魚肉去骨

以脊椎為中心切開。一般會做三片切，但如果是鮃魚或鰈魚等不對稱的扁平魚類，也會做五片切。

◎ 魚肉去骨

第六階段	肋骨是魚腹上包覆內臟的刺，關鍵是將生魚片中美味魚腹的
去除肋骨刺	損失降到最低，只剔魚刺。

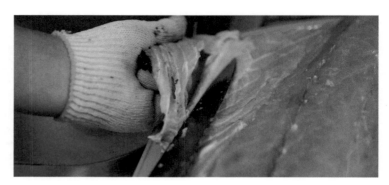

◯ 剔魚刺

第七階段
去除細刺

這種又被稱為「血合肉」的細刺幾乎在所有的魚中都有，也是孩子們吃魚時噎住的原因。本來是貼在脊椎骨上，在切魚肉的動作時會出現，這些細刺是嵌在肉裡，如果做3片切，就會發現背部肉和腹部肉之間有刺。如果是不分背部和腹部的生魚片的小型魚類，可以在烹飪時用鑷子取出，但像鯛魚

◯ 去除細刺

這樣的魚類最好在切開背部肉和腹部肉的同時，去除嵌有細刺的血合肉。

第八階段
去除鰭及鰓

用於煮湯、燉魚等的魚，最好先去除會誘發腥味的鰭和鰓。

○ 想要乾淨利落去除腥味，必須剪除鰭和鰓。

CHAPTER 09

為新鮮的熟成生魚片活締處理

韓國人在吃生魚片時，會沾味道強烈的醋辣椒醬、味噌大醬、各種蔬菜、燒酒等，因此比起生魚片鮮味，更重視咀嚼的口感，並以活魚生魚片為主要消費。販賣熟成生魚片的餐廳，通常在營業3-6小時前開始進行熟成。在生魚片需要熟成6小時以上時，讓魚的脊髓麻痺是防止口感變軟的方法。

鮮魚生魚片及熟成生魚片

韓國經常用車搬運活魚，日本則不同，自古以來就在港口直接宰殺，去掉血和內臟，並用冰塊裝滿魚肉後運送。活魚宰殺的生魚片名為「鮮魚生魚片」，如果連同內臟將其冷藏保管後切成片，就稱為「熟成生魚片」。一般來說，鮮魚生魚片會是在港或船上宰殺，在裝滿冰塊的狀態下運輸，越早宰殺的魚，熟成也會越快。另一方面，熟成生魚片是在餐廳冰藏製作，在餐廳開門前幾個小時活魚從產地或批發市場抓來，因此會是感受到壓力的狀態。在產地即宰殺的鮮魚比活魚壓力更小會更新鮮，但一般人對鮮魚的認識、處理技術不足，很難真正感受到鮮魚的味道。

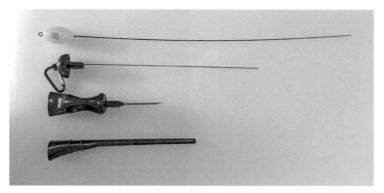

◯ 活締專用工具

要解決這些問題的方法就是活締，活締是來自日本的殺魚手段，用不銹鋼材質的細鐵絲，破壞神經並去除骨髓（魚背部上方最大的脊椎骨），此方法以拖延魚死後僵硬速度。可以說「活締」是將口感和生魚片鮮味結合在一起的獨一無二的手段。

活締（神經絞殺）的工具

以下是活締操作工具。隨著活締處理技術的引進，現在所使用的工具在釣具店都可以買到。在google上搜尋「神経締め或神経絞殺器」，可以找到販賣活締工具的網站。如果沒有專用工具的話，可以用不鏽鋼材質的細線和硬質的鐵絲或釣魚用不銹鋼線。

以下圖下一張照片中，①是不同直徑的船上釣魚用不銹鋼線，②是刮魚鱗工具，③是刺入要害放血時使用的工具（沒有就用錐子代替），④是處理用刀。

◎ 宰殺時所需工具

◎ 宰殺時處理要害

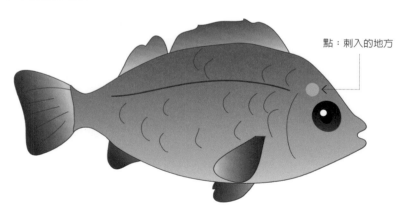

點：刺入的地方

◎ 要害位置

為了減低魚的痛苦和壓力，取得優質的生魚片，從數百年前開始就不斷嘗試，結果「活締」被評價為當今最簡單、最有效的方法。從現在開始仔細學習其秘訣。

刺入要害

用鋒利的工具準確地刺到眼睛旁邊。這裡有魚腦，可以麻痺魚，使其活動遲緩。這一過程被稱為活締。

眼睛旁邊準確刺入。

放血

這一過程與刺入鰓抽血的一般方法相同，但如果是1公斤以上的大魚，無法立刻放完血，所以最好在尾部也切開，提高放血的速度。

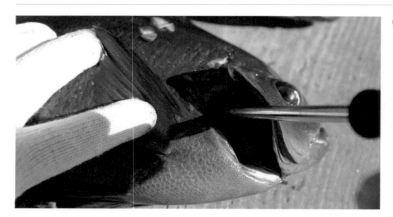

① 刺穿心臟或主動脈，放血。

② 從魚尾處刮除魚鱗

③ 在去魚鱗處畫一刀，用刀尖插入切口處直到看到魚骨，然後在海水中浸泡約5分鐘，活魚會通過呼吸釋放血液，徹底清除血液。

Caution　還在呼吸的魚有時會瞬間掙扎，這時很容易刺傷手指，所以一定要戴著棉手套工作。

活締

活締處理有幾個方式。在日本，用類似錐子的工具（尖端略微分叉的尖針組成，也可以用錐子代替）在兩眼之間穿出一個洞，再將不銹鋼絲插入孔中，然後貫穿脊椎（適合鰤魚、鮪魚、竹筴魚等體型呈紡錘狀的魚）。另一種方法是在鼻孔上戳一個孔，再將不銹鋼絲穿過脊椎中的孔，這個方法用於像赤鯛這種側扁形魚種。但是這兩種方法都需要技巧，對於初學者來說有些難度。

以下是任何人都可以輕鬆遵循的活締處理方法。有將活魚的尾巴切斷或者是將尾巴切成兩半露出脊椎，並放入一根不銹鋼絲貫穿整條魚。

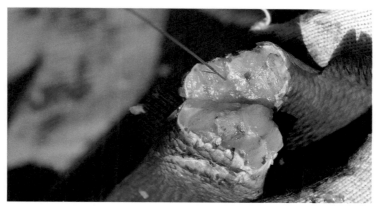

◯ 活締程序中讓脊椎露出來

初學者在做活締常犯的錯誤就是不知道刺穿的確切位置，而刺進魚肉。因為即使沒有魚的特殊反應，進入的感覺也很像，容易混淆。魚的脊椎由中央的硬骨組成，上（背部）和下（腹部）各有一個孔。將不銹鋼絲繩完全插入其上部的孔中，重複插拔數次，以破壞或取出裡面的骨髓。

脊髓損傷會直接影響魚的代謝和化學物質分泌，可以延遲死後僵硬數小時，這應該在死亡後幾分鐘內發生。延遲宰後僵硬也意味著可以盡可能延長肉質變差的時間。

◎ 必須正確了解貫穿的點後，插入工具。

冰塊冰鎮

完成活締作業的生魚，最好放入冰塊冰鎮10分鐘。被宰殺生魚會快速釋放能量，溫度升高。大鰤魚和鯛魚體型越大溫度越高，死後僵直的時間點也會提早，因此最好馬上放入冰水中浸泡10分鐘，再進行剖魚的作業。

先了解魚的種類和大小的差異，以這種方式準備生魚片，就算已經經過一天的熟成，肉質也不會因此崩壞，口感和風味也都可以保留。在日本有很多宰殺魚類的方式，但在韓國極少有這種的熟成魚片專門餐廳。以活締的處理方式，解決了熟成魚片最大的缺點「肉質崩壞」的問題，因此如果是經營日本料理的人，以及以鰆魚、白鯧魚、鮐魚為主的餐廳，一定要熟悉的處理技術。

按魚類分類的
脊髓麻痹工具

我在進行活締作業時，用的是釣魚用不銹鋼線，而不是昂貴的專用工具，直徑從0.4mm到各種尺寸都有，價格也非常便宜。但是由於耐用性低，難以長期使用，不像專用工具是經過特殊處理的鐵絲，因此很難有效率破壞或去除骨髓（因為不是專用工具，所以表面較光滑，因此需要反覆來回破壞）。也因為價格很便宜，所以可以多準備幾條，因此處理大量的魚，也毫不遜色。使用不鏽鋼鐵絲時，最重要的是視需要體積準備適當的長度和直徑。請參考以下依照魚種和體型，所需準備的脊髓麻痹工具款式。

鯛魚科魚種 （赤鯛、黑鯛）	· 體型 40~60cm：直徑 1.0mm，長度 50cm · 體型 60cm以上：直徑 1.2mm，長度 80cm
斑紋、三線磯鱸、鱸魚 （比鯛魚科脊椎穿刺點略小）	· 體型 30~40cm：直徑 0.8mm，長度 30cm · 體型 40~60cm：直徑 1.0mm，長度 50cm
黃尾鰤、白鯧魚、高體鰤、 竹筴魚	· 體型 40~60cm：直徑 1.0mm，長度 50cm · 體型 60~80cm：直徑 1.2mm，長度 80cm · 體型 80~100cm：直徑 1.5mm，長度 100cm

一個合適的脊髓麻痹工具是可以這樣彎曲也會自行恢復的不鏽鋼鐵絲。直徑和長度必須適合魚種的身體結構，從尾巴、側線，到靠近魚鰓的區域必須能穿透整隻魚。

CHAPTER 10

放血的技術

我們吃的生魚片一定要用活的魚製作。然而,維持生魚片新鮮度所處理的程序失誤,就會完全破壞生魚片的美味。生魚片吃起來的清爽和口感上,可以說新鮮度比切生魚片的刀工影響更大(刀工也很重要)。而新鮮度的維持,最重要的過程就是放血的作業。很多人稱之爲活締,但更準確地說可以說是血拔,本書上寫活締。活締的方法在某種程度上很簡單,但是,如果忽視必須遵守的鐵律,肉在熟成過程中失去了品質,失去了應有的鮮味或風味,反而破壞了生魚片的味道。放魚血的方法有很多種,這裡就用最基本的方法來學習吧。

最佳新鮮度的 5種放魚血規則	① 必須使用新鮮活魚。
	② 活魚的條件是沒有缺氧和壓力,並「很有活力」。
	③ 死前雖然還有氣,但不能視爲活魚。
	④ 以無壓力之下宰殺爲原則。
	⑤ 現殺的狀況,起碼至少要在3~5分鐘內停止呼吸。

① 使用鋒利的刀，刺入位於魚鰓正中心(或略低)位置為魚的心臟。這時最好用一隻手遮住魚眼睛，以防止魚跳動。用刀子穿過魚鰓蓋，往深處刺入。如果有徹底貫穿，可以在地板看到魚血。

② 刀子刺入深處的同時，將刀柄往魚背的方向切下以切開脊椎。脊椎和魚的側線（感覺器官）平行，切斷脊椎可以破壞裡面的骨髓，減低活魚壓力下立即死亡可以維持生魚片的口感。這個工作必須一刀完成，因此必須使用鋒利的刀。

Tip 在此過程中，一些人會握著刀柄切到底，完全切到背鰭（第一個背鰭開始的位置），其實不必切得如此開。

③ 將魚浸泡在乾淨的水裡，魚會用剩下的力氣呼吸，完全排出體內的血。自來水、海水或淡水都沒關係，但不用泡超過10分鐘以上。

Tip 正常魚的血在5-10分鐘內就會完全排出，所以在魚死之前，最好將內臟都取出。

④ 最後，用流動的水沖洗或刷洗直到放血完畢。然而即使內臟已經被去除，也有可能還有血液殘留在內臟的位置。如果是烤來吃沒關係，但如果是煮湯時，殘留血液溶解在湯汁，會引起腥味或異味，所以最好用刀將殘血刮掉。

Tip 不僅殺魚，牛、豬、雞等屠宰作業中都要經過放血的過程。

⑤ 如果是2公斤以上的活魚，如前面所學，在放血時，不僅要刺心臟，尾巴也要劃上一刀。

Tip 將魚冰藏時，必須留意魚肉不要接觸到冰塊。因為市面上的冰塊大部分是淡水製作的，海魚長時間接觸到淡水，味道會流失，用2層塑膠袋密封，就算冰塊融化，也不會接觸到淡水。

CHAPTER II

刮除魚鱗的方法

在去魚鱗時必須要仔細徹底比任何特殊技術都重要。另外，在刮魚鱗時，魚突然強力跳動也許會發生受傷事故，所以活魚最好放血屠宰後再刮除魚鱗（如果是鮮魚，請先去除鱗片）。鱗片的大小和強度因魚類而異，因此請使用合適的工具。

用刀刮除魚鱗

水針魚、鯖魚、竹莢魚、白沙鮻、比目魚、長身鯊（鰕虎）等魚鱗小而軟，不顯眼，用普通餐刀可以整齊地刮除。

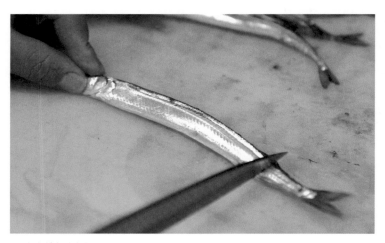

◐ 去水針魚的魚鱗

塑膠刨刮器

窩斑鰶、鯡魚、條石鯛、六線魚（斑頭六線魚）、沙丁魚、湯氏平鮋、斑鰭光鰓雀鯛、扁魚、比目魚、小黃魚、鰤魚的鱗片較小，不是很堅固，因此可以用一般餐刀或塑膠刨刮器刮除魚鱗即可。

◎ 窩斑鰶魚鱗刮除

鐵製刨刮器

黑鯛、斑魢、紅鯛、許氏平鮋、無備平鮋、鯔魚、鱸魚等魚種，因為鱗片又大又硬，必須使用金屬去鱗工具去除鱗片。

◎ 許氏平鮋魚鱗刮除

刨刮器握法和方向

在刮除鱗片時，可以五隻手指自然抓住魚或中指來施加力量。沒有一定要遵守的抓法，只要找到自己最安全最省力，自己最順手的方法進行刮除鱗片作業。鱗片必須從尾部往頭部逆向順上刮除，將要刮除魚鱗的魚放平，然後上半身稍微往前傾斜，施加適當力量，剝除魚身上的鱗片。如黑鯛和鰡魚等鱗片大又堅硬的魚種，更需要花點力氣刮除。

刮除魚鱗要點

在刮鱗片時，有些部位更需要仔細注意，也就是魚背、腹鰭、下巴以及頭部附近，特別是活魚生魚片時，通常會在背部和腹鰭上入刀，因此，如果這部分的鱗片處理不當，可能會滑刀而發生安全事故，因此要特別注意。

Tip
在去除魚的鱗片時，即使有過濾
網，魚鱗還是有可能堵塞下水道，
所以魚鱗不要直接扔進水裡，最好
收集起來扔進食物垃圾袋。

如果預計將魚頭和下巴用於烹煮材料，就更應該仔細去除這
些部位的魚鱗。看起來不太顯眼，但鯛魚科等魚種的頭頂
部、臉頰肉和下巴的魚鱗還是很多，應更仔細刮除。但是如
果這些部位的魚鱗更不易刮除，因此需要比其他部位花更多
心思。

PART 03

不同魚種的生魚片處理技術

CHAPTER 12

不同種類的魚及各部位名稱

以下是我們餐桌上常見魚的種類以及各部分的名稱。在這本書裡，這些名字經常被提及，所以我們提前說明。

紡錘狀的魚類

紡錘狀魚類是海魚流線形態。具有流線形體型，可以減少水流對身體的阻力，因此比起其他魚類游泳的速度更快，迴游性更高。紡錘狀魚種有鰤魚（青甘）、鮪魚、鯖魚、竹筴魚、鰆魚等。

◎ 紡錘形魚種（鰤魚）

側扁形魚種

側扁形的魚身較高，左右扁平。具有可以在岩石和岩石縫隙之間躲藏和穿梭的良好身體構造。大部分為白肉魚，常棲息於暗礁之間。典型的側扁形魚種有赤鯛、黑鯛等鯛魚類，以及許氏平鮋、石狗公等魚種。

◎ 側扁形魚（赤鯛）

平扁形魚種

平扁形魚多為底棲魚類，魚身扁而寬平。通常都會伏貼在沙底，以魟魚為代表，生活在海床底部。平扁形的特徵是游動速度慢和迴游性低。這包括鮃魚、琵琶魚、鰈魚和太陽魚，以及鮟鱇、魟魚等魚種。

◎ 平扁形魚種（比目魚）

長條形魚種

長條形魚種特徵就是細長圓柱體形狀，身體各部位高寬幾乎一致。有些長條形魚種會在泥灘或沙子中挖掘隱藏自己的習慣，包括鰻魚、盲鰻、星鰻和海鰻等。

○ 長條形魚種（盲鰻）

球狀、河豚形魚種

像棒球棒末端一樣，體型呈圓形的魚類，包括細紋獅子魚（方斑獅子魚）、布袋魚及各種河豚類。

○ 球狀、河豚形魚種（魨科）

魚的各部位名稱

A：嘴和唇

B：上頜骨

C：眼睛

D：臉頰（臉頰肉）

E：後腦勺（頭肉）

F：鰓蓋

G：喉嚨（頸肉）

H：側鰭

I：背鰭

J：腹鰭

K：背部（背肉）

L：魚肚（包覆內臟的腹肉）

M：肛門

N：側線

O：臀鰭

P：尾骨

Q：尾鰭

CHAPTER 13

切活魚生魚片的兩次刀法

處理魚大致有兩種方法。
A：同時去除頭部和內臟；B：同時去除鰓和內臟。

A方法是把魚做成生魚片時使用，B方法是做燉、蒸、烤等料理時使用。在這裡，我們來學習同時去除頭部和內臟的A方法。

HOW TO

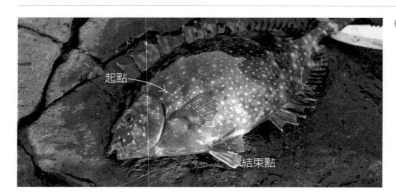

❶ 從魚的背部入刀，沿著鰓線切到側鰭後方。這時如果刀深深插進去，包括膽囊在內的內臟可能會破裂，所以入刀時只需切表層。

Tip 開始切之前，運用前面學習的方法先放血。

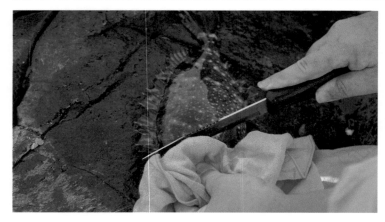

❷ 用同樣方法，切魚的另一面。

Caution 照片中臭肚魚的背鰭具有毒性，如果被刺傷，一整天都會浮腫和疼痛，所以一定要戴上手套工作。在處理活魚的時候，用毛巾遮住魚的眼睛，在安靜的狀態下作業。

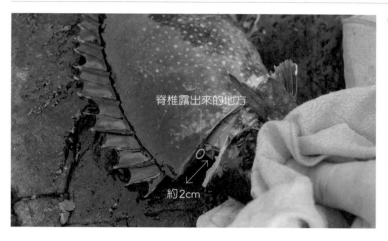

❸ 稍微打開魚頭，檢查內臟是否已經破裂。

脊椎露出來的地方

約2cm

❹ 現在慢慢把魚頭下拉，可以看到鰓和內臟一起被拉出來。

一開始操作可能不熟悉，多操作幾次就可以輕鬆、快速、乾淨地處理生魚片，這是此方法的優點。除了在書中作為示範具有毒刺的魚，也適用於其他大部分魚種，在這種狀態下，不用直接讓魚接觸冰塊，只要存放冰桶內運送，就能品嚐到新鮮的生魚片。

CHAPTER 14

現抓現吃的生魚片處理方法

如果能現場把捕來的魚做成生魚片，隨時可以輕鬆享受活魚生魚片。這裡介紹的不是豪華套餐，而是簡單的吃法。

HOW TO

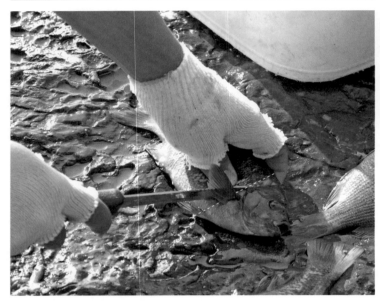

② 抓著魚頭，左右擰動，和內臟分離後，用乾淨的水清洗。

① 用前面學過的方法，將刀刺入魚鰓的正中央進行放血。然後就如照片一樣，依照虛線在魚的正反面各切一刀。將魚立起，如果刀子垂直往背鰭內割，只要碰到脊椎即可。

　　Tip 請注意如果從脊椎底部割入，會割破內臟。如是體積小的魚，可以省去刮去魚鱗的動作。

❸ 現在開始為切魚肉的流程，只要橫切貫穿整條魚，在切斷面可以看到魚骨就可以了。此時，如果刀完全水平，容易造成肉塊損失，因此最好隨時調整刀刃的角度，橫切時有碰到脊椎骨的感覺。

Tip 這個方式切魚時，不用將肉完全分離到底部，直接剝除魚皮會比較輕鬆。

❹ 如上，用拇指和食指緊緊抓住尾巴，避免魚肉滑動然後剝除魚皮。如果將刀向前推並以鋸齒形來回拉動魚皮，可以更輕鬆將魚皮剝離。

Tip 另一面的魚皮也用一樣的方式剝除。

❺ 刀子橫放切掉肋骨。

❻ 不論厚薄，新鮮切片即可完成生魚片。

Tip 如果是大的魚，就要取出細小的刺，但如果是25公分以下的小魚，就不要去細刺了。

❼ 在海邊隨時可以吃的生魚片，不用特別氣氛，就算配紅辣醬也相當好吃。

Tip 在海邊吃生魚片需要準備以下物品：刀、迷你砧板、刮魚鱗刀（如果是大魚就需要）、餐具（用於吃生魚片）、辣椒醬或生魚片醬油、山葵、杯子和盤子、噴槍和瓦斯（製作帶皮生魚片需要）。

CHAPTER 15

比目魚（鮃）生魚片處理法（5片切）

比目魚是魚類中出肉率最高的魚。出肉率指的是骨頭和內臟以外純肌肉的量，石斑魚（出肉率約27~30%）和鯛魚（出肉率約33~35%）因為頭大所以肉少，而比目魚（出肉率45~50%）魚頭小、肉多，因此日本料理界和消費者都喜歡。但是，即使是出肉率再高的魚，如果處理不好，生魚片的肉量也會大幅減少。特別是被稱為極品的鰭邊肉，在處理時要注意因為錯誤手法造成損失。處理鮃魚切法有分3片切和5片切，3片切是較直觀、更快的方法，但如果刀操作不好，稍有不慎就有可能會切壞，所以不建議新手使用此法。本書介紹任何人都可以成功的5片切法。

HOW TO 鮃魚的5片切法

❶ 這是1.5Kg的鮃魚，還活著時已經完成放血、刮除魚鱗，並用流動的清水洗淨。首先沿著虛線切並分離魚頭和內臟。

　　Tip 鮃魚的鱗片在腹部，小而不粗糙，用菜刀刮容易去除。

❷ 去除魚頭後，用刀刮去內臟，然後在流動水下沖洗。

❸ 鮃魚等扁平的魚分為兩部分：有眼睛的面（背部）和沒有眼睛的面（腹部）。首先，從有眼睛的一面入刀，沿著魚背面中間的側線切成兩半。

④ 從背部切一半後，在魚尾處切一刀。

⑤ 正式切魚片，以斜切的方式，切開肉和骨頭。

⑥ 切魚片時，要有刀子碰到魚骨的「卡卡」聲音，有沿著魚骨頭切魚肉的感覺。

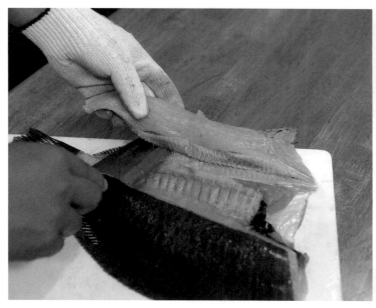

⑧ 另一面也用相同的方法切魚肉。

　　Tip 如果切魚肉的姿勢不順利，可以將魚肉調整到適合自己作業的方向和姿勢。

⑦ 切到底部時出現鰭邊肉，刀鋒會被魚皮擋住無法繼續切時，以上圖的方法切開並完成。

　　Tip 切鮃魚時，將肉跟骨分離的作業過程不難，困難的是最後的工作。在切鰭邊肉時會不小心連小刺一起切的狀況，因此必須正確地將鰭邊肉與小刺分開。如果刀子沒拿好，過程中常會損害鰭邊肉，此時不要慌張，穩定的作業。

⑨ 如此切好有眼睛面的魚肉。

⑩ 腹部的魚肉也是跟上述一樣的切法。如果切完會有腹肉2片，背肉2片，另外骨頭魚肉第5片完成。

Tip 兩面的魚肉顏色不同。如照片內部顏色較淡的為沒眼睛的腹肉，後面顏色較暗的為有眼睛的背肉。背部的味道比較美味，腹部肉較厚。有相同特徵的比目魚都是相同處理方法。

HOW TO 去除鮃魚的魚皮

❶ 魚皮剝除作業和其他的生魚片相似。首先在魚尾部切一刀，保留手指可以伸入的空間。

❷ 一隻手抓著尾巴的皮，把刀放在皮和肉之間。這時，如果皮上有肉，就再豎起刀刃，把肉和皮之間的白皮膜一起剝掉。

Tip 刀子在剝除魚皮的位置和切生魚片時的過程一樣重要。必須抓到感覺才能保護血合肉，而表皮也可以完美剝除。

③ 這是用牙籤再現魟魚上的魚刺和肋骨的樣子。如果不是像窩斑鰶這種小型魚類，細刺一定要去除後才能做生魚片。

④ 內臟取出的地方也有肋骨，在這個部位用食指和中指輕輕按壓，用刀橫切將骨頭取出。如果這個作業困難，可以把整個區域都切掉。

Tip 切出來的魚骨和魚刺可以當辣湯煮

⑤ 如果按照到目前為止的步驟，所有刺都去除了，則可以將其切片。

Tip 照片是薄切比目魚的方式，本書後面也有將魚片切薄的介紹。

切生魚片技術固然重要，最好還是親自體驗。即使不是切生魚片，也是會有其他切魚的經驗，經驗多了就會抓到切魚的感覺。在還沒熟悉切魚的技術，有可能會破壞魚的口感，此時可以挑戰改做燒烤或湯等配菜。

CHAPTER 16

石斑魚生魚片處理法

石斑魚是養殖活躍的平民生魚片材料之一。與黑鯛、石鯛等側扁形魚類的切法有點不同，魚肉較堅實，所以要把生魚片切成薄片，才能品嚐到美味的口感。

石斑魚和比目魚一樣是代表性的生魚片，因此這裡了解石斑魚生魚片乾淨美味的製作方法吧。

HOW TO

❶ 將已經放血、刮除鱗片的石斑魚放在砧板上，前述切法沿著虛線方向入刀。

Tip 入刀時感覺碰到脊椎即可。

❷ 刀從側鰭正後方進入腹部的話，內臟會破裂或受傷。因此需要切適當的深度。

❸ 另一面也用同樣的方法切口。

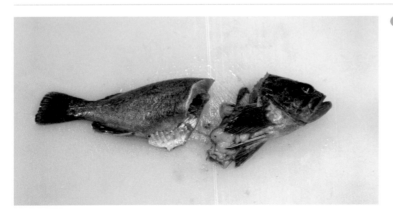

❹ 兩面都切好刀口，抓住魚頭左右擺動，內臟和頭一起分離。魚的內臟是由堅韌的食道連接而成的。因為食道和頭部連在一起，只要撐開頭部或用刀尖切斷脊椎，就能將頭部和內臟乾淨利落地分離出來。

Tip 連接肛門的腸子不容易掉下來，要用刀割斷。

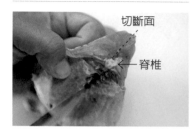  

⑤ 從黑色虛線的位置入刀切割

Tip 入刀的位置和角度熟悉的話，在處理六線魚、鯖魚、石斑魚等小型魚時，也不需要直接在背部或魚肚上切刀，只要用短切就能處理。

⑥ 需要像刮到脊椎一樣，用刀沿著脊椎切魚。但如果刀完全平放會造成肉塊損失。因此刀必須稍微斜角往上，維持感覺有碰到脊椎的方式切開魚肚。

Tip
1. 把魚翻過來，反方向也用同樣的方法切魚。
2. 如果魚肉上有血色或異物，就用乾淨的抹布、廚房毛巾以拍打方式擦拭。如果夏季腸炎弧菌頻繁，應該在自來水中稍微清洗（腸炎弧菌對淡水較脆弱），然後迅速擦乾水分。

⑦ 分離魚肉和魚皮，在尾端入刀，將魚肉稍為剝開，用拇指和食指緊緊抓住皮，將刀以水平的角度前後來回推入，慢慢拉才容易剝下魚皮。

Tip 分離魚皮時，刀的角度要盡量維持水平，以免中途切斷魚皮。

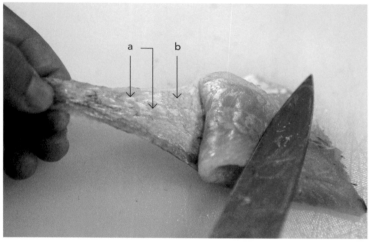

⑧ 將魚皮剝開時，需要切開像b的血合肉和皮膜（如果將附著在生魚片表面薄膜剝除的話，會破壞生魚片的外觀。）

Tip
a. 血合肉和皮膜沒有切開，皮上有血合肉的狀態
b. 血合肉和皮膜被切開，在表皮上沒有血合肉的狀態

 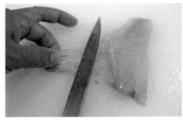

⑨ 去皮作業結束後，必須要去除肋骨，有效去除肋骨才能讓食材發揮最大的美味。刀緊貼魚骨頭，用手指按住肋骨，輕輕切出骨頭。

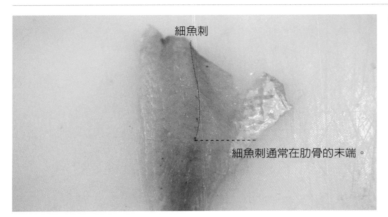

細魚刺

細魚刺通常在肋骨的末端。

⑩ 大部分海水魚的肋骨末端都有小魚刺，因此為了避開小魚刺，要將背部和腹部分離。

Tip 如果是小魚，可以用鑷子去除細刺。

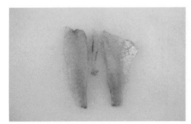

⑪ 如果切開背肉、腹肉，然後去小刺，就會像上圖一樣的狀態。

⑫ 將肉切薄片裝入盤子，美味的石斑魚生魚片就完成了。

Tip 石斑魚的肉質結實，需要切薄片，但像鯖魚等青背的魚，經過熟成後變柔軟，可以稍微切厚一點才會更美味。

CHAPTER 17

比目魚（鰈）生魚片處理法

比目魚是不好處理的魚種，在保留美味的鰭邊肉的同時，要仔細剝去魚皮並不容易，因此連日本料理師傅們也難以處理。被美食家評價為高檔生魚片材料的石鰈（日本名為石狩），其表皮較硬，而在春天聞名的比目魚艾草湯，其主材料比目魚西海產的脂肪比南海產少，因此很難剝皮。因此看似相似的比目魚類，不同魚種處理難度也會有所不同。

現在，我們跟大半輩子都在專門捕撈比目魚的漁夫學習處理比目魚的方式，雖然是難度高，但熟悉了以後，生魚片的製作速度比任何一種方法都快，也更方便，讓我們仔細觀察一下吧。

HOW TO

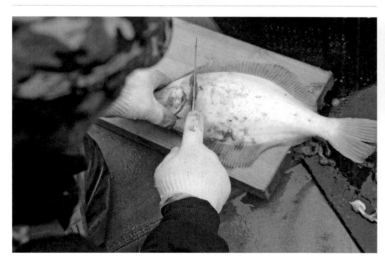

② 先剝去背上的皮，在肉和皮之間放入刀尖，慢慢打開縫隙。然後用刀刮出身體剩下的內臟。

① 比目魚分為有眼睛的一面（背部）和沒有眼睛的一面（腹部）。首先，剝去有眼睛的一面，不要完全切斷頭部，而是在頸部切開一個能看到表皮的刀痕。

　Tip 又稱為春天鰈魚，做生魚片必須將魚鰓去除並放血，但還是會維持氣息。

③ 一手扶住魚頭，另一隻手用刀將魚皮和魚肉的縫隙一點點地打開。這樣更容易剝皮。

④ 將比目魚翻面，用刀按住魚肉，然後抓住魚頭並將魚皮剝除。

⑤ 背上的皮和頭部一起分離後，就用刀刮掉內臟，徹底整理好。然後同時切除結塊的血和肋骨。

⑥ 現在剝除沒有眼睛一面的魚皮，在魚尾處切一刀。

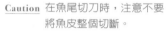

Caution 在魚尾切刀時，注意不要將魚皮整個切斷。

⑦ 用刀牢牢按住肉，抓住尾鰭剝皮。

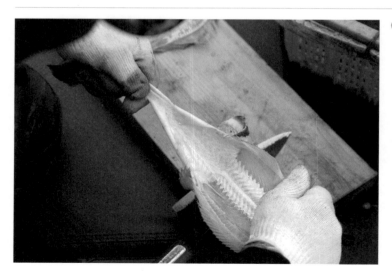

⑧ 一隻手將魚肉抓住後，將刀子放下，用另手抓住表皮。在這個過程中，部分鰭邊肉會附著在皮上，但從速度和時間來看，這是最有效的方法。

Tip 請注意背部皮跟頭部一起剝，腹部則與尾鰭一起剝。

⑨ 用廚房紙巾或乾淨的抹布，按壓魚的全身以吸收水分。

⑩ 和5片切法一樣，從全身中間處往兩邊將魚肉分離。

⑪ 切魚時要將魚肉的損失最少化，必須維持刀子碰到骨頭的感覺。如此將分成背部魚肉兩片，腹部魚肉兩片共四片。

⑫ 切成適當大小並擺盤。

CHAPTER 18

鯛魚類生魚片處理法（魚頭和骨架裝飾）

本章要學習的生魚片方法適用於側扁形魚種（鯛類），其特點是像高級日式餐廳一樣，可利用魚頭和骨架作爲裝飾，一起來充分熟悉這個處理過程吧。

HOW TO

❶ 如前幾篇所說，在虛線位置入刀。因為頭和骨頭要用於裝飾，所以要注意不要切斷脊椎骨。只需要先切到脊椎骨之前，這時入刀位置從腹鰭開始到尾部。

Tip 每個魚種都須依照此法入刀。

❷ 尾巴上入刀，此時可以沿著背部切下魚肉。

Tip 在處理生魚的方法上沒有正確答案，熟練者也會把刀伸向腹部切。

❸ 為了將魚肉損失率降最低，可稍微提高刀子角度，然後在保持接觸骨頭的感覺下將肉切開。

Tip 刀不要一下子入得太深，一點一點地慢慢往內切。

❹ 將魚肉打開來看，可以看刀沿著脊椎骨切肉痕跡，體型越是大的魚種，脊椎骨就越大，所以要注意沿著骨切。

⑤ 一面的魚肉切好後,如果肉上有血色,先不要用水洗,用廚房紙巾或乾淨的抹布輕輕按壓即可。

⑥ 另一面的魚肉切法只是方向不同,但過程是相同的。前面是從魚尾開始切開魚肉,而另一面也是一樣的過程。前面雖然說魚尾巴開始入刀切開,但不管要從魚頭開始或不用刀尖和刀跟切都可以。也就是說切開魚肉的方法,與其執著某一種手法,不如多方嘗試後,選擇最適合自己的方法才是最重要的。

⑦ 魚肉全部切好後,讓魚肉面對面疊在一起,這樣魚肉也比較衛生。基本上魚的肉是乾淨的,但魚皮和魚鱗上則會殘留細菌,容易沾到魚肉,所以必須要注意肉與肉面對面的擺法。

⑧ 兩邊的肉都切下來後,就像上圖一樣剩下骨架。通常會用剩下的魚骨頭煮湯,但這裡我們要拿來當裝飾。首先用流動的水將魚骨輕輕洗淨,然後一定要用廚房毛巾或紙巾擦乾水分和血。然後裝在盤子裡進冰箱保存。

⑨ 在切生魚片前,去除包著內臟的魚肋骨,用最不會損失魚肉的方法去除,這樣才能保留美味的腹肉。如上照片一樣,一隻手用力壓著骨頭,從肋骨最前端支點開始入刀,直到壓著肋骨的手指能感受到刀的程度。但要注意千萬不要受傷。

Caution 用作前處理魚肉的刀子和砧板直接切魚片的話,殘留的細菌轉移到魚片的可能性很高,因此刀和砧板必須徹底消毒殺菌。

去除

⑩ 接下來則是進行皮肉分離，在尾部先切一刀，稍微提高魚肉往下入刀，用拇指及食指抓住魚皮，以水平的方式將刀推入。一開始尋找入刀角度時，會需要不斷修正，以適合的角度將皮分離。這樣才能避免血合肉被切掉，並切出顏色鮮豔的魚片。

Tip 去皮時使用餐刀或生魚片刀會比用出刃刀適合。

⑪ 如果魚皮拉得太高，容易在中途拉斷，因此必須比上圖還稍微低一點的角度。左右稍微傾斜慢慢地往外拉會比較輕鬆。

Caution 用刀將魚皮一口氣剝離最完美。

⑫ 用鑷子或刀子將小魚刺拔除。

Tip 用熱水稍微川燙過魚皮，放入冰水後撈起，擦乾水分切成薄片就成了美味的燙魚皮。

⑬ 將冰在冷藏庫的魚頭與骨頭拿出並放入盤上，切好的生魚片擺在魚骨上，就完成了擺盤。

Tip 切成生魚片之前，先將魚捲在乾淨的抹布或廚房紙巾上，放在冰箱冷藏後再吃也不錯。熟成是根據生魚片的種類和大小不同，一般適合3~6小時。體積大的魚，即使熟成一天以上也不會讓魚肉變質，但都必須是活魚狀態下放血即殺。像窩斑鰶和鯖魚這樣的小魚種，最好以活魚片或發酵2~3小時後食用，如果只是想降低生魚片的溫度，可以在冷凍庫裡放5~10分鐘後切成薄片食用。

CHAPTER 19

魷魚生魚片處理法

為了更新鮮、更美味地享受魷魚生魚片，首先要了解切斷神經的方法。切斷魷魚的神經，就能保持新鮮度和口感，並且大幅度降低魷魚特有粘稠的味道，也可以防止墨汁噴成一團。我們通常買「活魷魚」，在撈起時當場宰殺，並且馬上切片，可以不用進行切斷神經處理。但如果需要長時間移動或熟成後食用，就要使用神經切斷法。現在就以魷魚及烏賊為例，仔細學習神經切斷方法吧。

HOW TO 神經切斷法

❶ 魷魚的神經麻痺作業分為身體（上半身）和足部（下半身），首先要將身體麻痺須要在兩眼之間（往身體方向）用尖銳的工具刺進去。

Tip 切斷魷魚神經需要用稱為「魷魚（或烏賊）活締」的專業工具。但如果沒有專用工具，也可以用末端鋒利的錐子替代。

❷ 如果刺的方向不對，只會麻痺身體的一半。因此，就應該再刺一次另一半。如果神經麻痺，魷魚的身體會瞬間變白，保護色和興奮色素的功能也會停止。

Tip 這項工作的概念不是放血，而是切斷神經麻痺。

❸ 切斷足部神經時與麻痺身體時的同一位置，用同樣的方法插入工具，但方向要朝向魷魚足部。

Tip 魷魚足部麻痺後也會變成白色。

④ 前面說明是以魷魚為例，但烏賊的切斷神經原理相同。工具刺在兩眼中間時，如果往身體方向刺則是麻痺身體，往烏賊足部刺就會麻痺足部。

⑤ 另一個麻痺魷魚神經的簡單方法，就是用剪刀從兩眼之間剪斷，也能取得同樣的效果。

魷魚的處理

阻斷魷魚的神經後，剩下剝皮和切生魚片的過程。在這裡，我們以加工難度比一般魷魚高的軟絲為例學習。

HOW TO

① 魷魚的處理方法有很多種，有些尺寸用食物剪處理就可以，直接剪身體部分。

② 身體打開就能看到內臟及墨囊，用剪刀將內臟剪掉，或是拔出頭足時一起將內臟拉出。

Tip 去除內臟必須在魷魚停止呼吸之前完成。這是為了防止可能有一種鯨魚蛔蟲的感染，軟絲和烏賊的感染率比較低，但有時候還是會出現，因此必須要小心。

❸ 去除內臟後，就如上圖操作一樣，取出像鰓的內臟和不能做生魚片的雜質。

　　Tip 腳不適合當生魚片使用，可以收集好之後拿來炒飯或煮湯。

❹ 剝皮的處理，將大拇指插入魷魚的身體和鰭之間，拉開縫隙。

　　Tip 軟絲和烏賊與一般魷魚不同，鰭重疊在身體上，如果不熟悉會不好剝皮。

❺ 順方向將鰭的外皮一起跟身體的皮拉出來。

　　Tip 附著在鰭的表皮，可以用摺好幾層的廚房紙巾揉掉，也可以直接把鰭切下，並在邊緣切一刀後用手剝除。

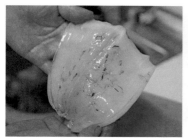

❻ 內部比較光滑的一面，也貼著一層透明的膜，可以在角落劃一刀後，直接用手剝除，就會乾淨沒有滑滑的感覺。

　　Tip 如果是新鮮魷魚，可省略這個過程也不會影響食用。

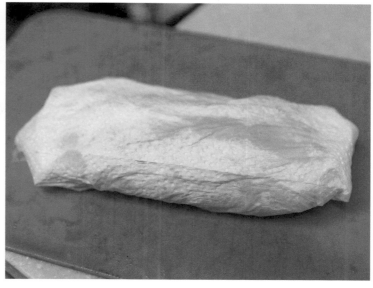

❼ 魷魚在切之前用乾淨抹布或廚房紙巾捲起來去除水分。

　　Tip 最好不要在淡水中清洗，但如果因為不熟練而使皮膚弄髒或夏天擔心感染弧菌，就在流動的淡水中快速清洗後擦乾水分。如果只是為了摘墨囊擦墨汁，最好是用乾淨抹布擦乾淨。

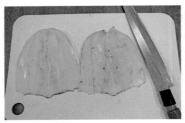

⑧ 處理好的魷魚放在砧板上。

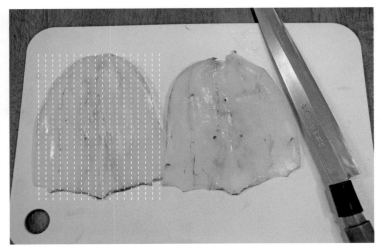

⑨ 切魷魚的方法有很多種，直刀細切的方法是最常見。

   Tip 如果體積比較大，先切一半再切細長狀。

⑩ 如果要切好看並且口感比較柔軟，可以先交叉劃刀後再切。首先先在魷魚上劃滿右斜線。

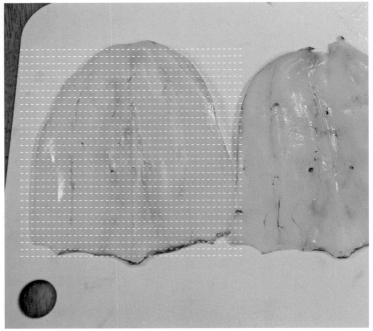

⑪ 接著劃出左斜線。

⑫ 劃好都之後再以直刀法切，或先將身體切一半後，切成薄生魚片。

 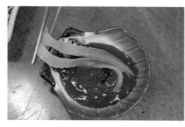 

⑬ 魷魚生魚片在運輸前是否已經切斷神經，是否已將外皮（包括薄膜）剝得乾乾淨淨，而且根據切的角度和方法，味道和口感會有很大的不同。另外一樣鮮度的魷魚生魚片，加工處理越快越精緻，味道也會越好。

⑭ 魷魚生魚片很適合沾辣椒醬，再放上一點芥末更好吃。

⑮ 軟絲和烏賊最適合沾醬油，醬油和芥末可以增加牠特有的美味。

⑯ 芥末不用和醬油攪拌，直接放一點在魷魚上最好。

Tip 軟絲（學名萊氏擬烏賊Sepioteuthis lessoniana）棲息在韓國南海、濟州島、日本九州，是比較喜歡溫暖海水的頭足類。與一般魷魚、透抽一樣是1-2年生，根據體型不同從300克到5公斤，差異非常大，也被稱為魷魚之王，味道和出肉率都很好，在料理上的利用價值非常突出。

CHAPTER 20

切生魚片的三種方法

利用生魚片刀（柳刀）切生魚片的方法有許多種，在這本書中，我們來學習一下 最常用的3種方法：平切（平造）、薄切（薄造）、長切（細造）。

切生魚片前須知

放在砧板上的方向
切生魚片前把魚肉放在砧板上的方向非常重要。較厚的面朝外，薄的朝自己的方向切，這樣生魚片才會切得好看。

刀鋒的重要性
切生魚片時，會用另一隻手固定魚肉，如果刀不好切，固定魚肉的手會更用力壓魚肉，增加生魚片的溫度。

切肉的方向
生魚片要斜切，不要來回推刀，基本都要直接一刀切斷。

平切法

平切法是很多生魚片店家最常使用的方法。很適合熟成生魚片，厚切也可以補足因爲熟成而變軟的口感。

HOW TO

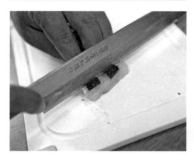

① 一隻手（用手指或指甲）將生魚片固定，以直角的角度入刀後切片。

② 用長的生魚片刀必須一次性切斷，才會讓切面乾淨俐落。

Tip 切好的生魚片可以直接裝盤。

③ 除了熟成生魚片使用平切法之外，像鰤魚（青鮒）一樣口感比較軟的魚種也適合。

薄切

這是最重視刀的角度和技術熟練的切法。雖然新手學起來比較困難，但是切成薄片的生魚片會給人特有的緊實和清爽的口感，而且切面乾淨，很好塑造形狀，因此是高級壽司店主要使用的方法。在義大利，製作「薄切生肉（Carpaccio）」（把生魚片和幼蝦拌在調料裡吃的開胃菜）或需要擴大生魚片面積的「壽司用」食材時，需要用薄切的方法切生魚片。

① 一隻手在固定生魚片的狀態下，將刀以45度左右的角度入刀，只切入肉的70%左右厚度，然後將刀刃直角立起來，切掉剩下的30%的肉。

② 切成薄片的活魚生魚片，適合鯛魚、河豚、剝皮魚等肉質堅硬的魚種。

Tip 要將薄片切得漂亮，刀要充分研磨，先用1000號磨刀石，再用5000號磨刀石磨刀。

③ 肉眼看出切薄片的生魚片與平切生魚片的差異。

④ 這是將鮃魚切成薄片的樣子。

長細切

長切很適合比目魚、鰈科類、魟魚、魷魚、烏賊等海鮮，這種切法的生魚片吃起來能感受到特有的口感。

含魚骨切法

顧名思義，就是含魚骨一起切，可以感受到軟質魚骨特有的香氣。含魚骨切法適合尺寸不大，骨頭也不會太硬的魚，如窩斑鰶、平鮋科、小石鯛、小比目魚、雀鯛等小型魚類。

HOW TO

① 刮去鱗片，去除內臟，用流動的水充分沖洗。

② 切掉魚鰭。

③ 直接將處理好的魚切成生魚片。

> Tip 如果是斑鰭光鰓雀鯛必須從骨頭尾部開始切，才不會吃到細魚刺，因此切的方向要多注意。

PART 04

生活常見海鮮處理秘訣

白帶魚處理法

白帶魚一般用於烤和燉，所以不像其他魚那樣需要放血，也不去除內臟。一般來說，剪掉頭部後，將身體切成小塊保管。但剪掉頭部時，如果可以連內臟都去掉，才會是更乾淨的料理。我們現在來學習一下白帶魚的處理方式，可以一份處理六條以上，並且不沾魚腥味。

HOW TO

❶ 處理白帶魚的砧板，選擇舊的比較好。

❷ 如上圖於鰓附近輕輕切一刀避免切到內臟，只在魚肚的地方用刀尖切斷。

❸ 將白帶魚立起，約切1.5-2cm深度，如果感覺到刀子碰到脊椎，可以再施點力氣切斷。

❹ 接下來將白帶魚翻面，重複第二步處理過程。

❺ 此時用刀將魚頭往前拉，魚頭和內臟就可以輕鬆分離。

Tip 如果上面的過程全部省略，用刀根處切敲頭部，然後將刀往外移動可以更快速分離魚頭和內臟。

⑥ 不會沾到手，也可以乾淨的處理。魚頭要往甚麼方向分離都沒關係。

⑦ 將身體切成一定長度。中間有一些堅硬的骨頭，可以用刀壓著，用手掌擊打刀背，就可以輕鬆切斷。

⑧ 將白帶魚以每一餐會使用的份量，分別用塑膠袋包起來。

Tip 用一次性使用的塑膠袋包白帶魚時，可以用兩層包比較乾淨。

⑨ 如果想要烤肉用，可以將切好的白帶魚撒上適量的鹽巴後，再裝入塑膠袋綁好，搖晃塑膠袋內的白帶魚。此時可以用顆粒較粗的粗鹽增加風味。

Tip 白帶魚鱗（銀脂）中含有鳥嘌呤，多吃會引起腹痛，尤其是消化功能較弱的兒童，會引起腸胃不適和腹瀉，因此如果不是剛捕到的新鮮白帶魚，最好在料理前用刀片刮掉表面銀脂。

CHAPTER 22

鯖魚（鹽醃）處理法

鯖魚適合燒烤，將身體切成兩半撒鹽，是最好的保存方法。這種用鹽醃的處理方式非常快速簡便，除鯖魚外，還可以適用於多線魚、竹筴魚、秋刀魚等紡錘形魚種。

HOW TO

① 先去鱗片，鯖魚的鱗片小而軟，不需要用到出刃刀刮魚鱗，用一般餐刀也可以。

　　Tip 用平時加工魚和取出內臟時才使用的砧板。

② 去所有鱗片後，切掉2/3的頭部。

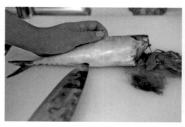

③ 在這種情況下，如果用刀將頭往右拖，內臟就會直接取出來。

④ 用刀尖刺開肛門後，剖開腹部。

⑤ 用刀尖刮除剩下的內臟和雜質。

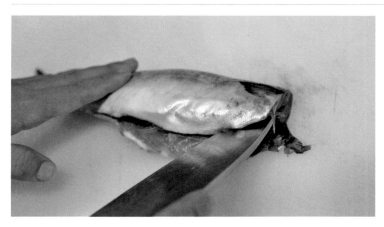

⑥ 將鯖魚剖開一半，用切開肚子的方式入刀，尋找脊椎的位子開始切魚腹。

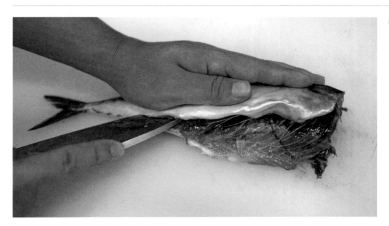

⑦ 再施點力氣往尾巴的方向將魚肉切半，這時慢慢切並維持刀碰到脊椎的感覺。

⑧ 最後，用廚房紙巾將血或雜質用力按壓擦乾淨，簡單完成鯖魚的處理。如果在海邊、房子有屋頂，就可以晾乾後烤來吃，否則就撒上鹽放在冷凍庫保存。

CHAPTER 23

鳥蛤的處理方法

在飯桌上很常看到鳥蛤料理,調味過煮成鳥蛤湯和涼拌鳥蛤。兩種都必須很麻煩地把外殼剝除,如果不熟悉處理的人,可能會覺得外殼無法剝開。在這裡,我們來學習一下如何簡單打開鳥蛤殼的方法。

HOW TO

❶ 將鳥蛤放入大盆子內洗淨,用流動的水充份的洗過3-4次。

　　Tip 有些人會用牙刷刷洗外殼後,泡入鹽水進行吐沙清洗。韓國的赤貝和毛蚶都是生產在泥土上,會沾上一點泥土,但在秋冬時因為有許多卵,所以不需要吐砂。

❷ 清燙過後,可以用湯匙和筷子把外殼打開。鳥蛤後面有個洞,將湯匙卡在這個洞上。

　　Tip 鳥蛤與其他蛤蜊不同,外殼沒有打開不代表已經死亡。雖然煮過之後外殼會打開,但也是有新鮮的鳥蛤在煮的過程中不會打開。如果在購買時碰到張開嘴的鳥蛤並迅速閉上,很大的機率是新鮮的。

❸ 利用槓桿原理,將勺子左右轉,外殼就會從後面打開

④ 問題是鳥蛤外殼特別硬，用湯匙也不太好打開。所以也不是每個都可以用槓桿原理打開的結構，常會出現圖片這樣的洞口。

⑤ 這時候可以利用筷子，首先用湯匙嘗試，失敗時再用筷子直接插入往上穿過。

⑥ 由此可以簡單將鳥蛤的外殼打開。

CHAPTER 24

花蟹的處理方法

花蟹腳和蟹螯有堅硬鋒利的刺，處理時要特別注意。尤其在剝殼時特別要注意，用力不當會將蟹膏撒出來，或是被刺傷，因此最好戴上棉手套進行處理。

HOW TO

① 活花蟹用水清洗並浸泡15分鐘讓牠氣絕。然後用牙刷或烹飪用刷子，以流動水沖並刷洗每個角落（特別是嘴周圍和腳之間）。

　Tip 這工序主要是清除沾在花蟹上的木屑、泥巴和各種雜質。

② 去除花蟹堅硬的外殼方法有兩種。第一種是取下腹甲外殼後，抓住縫隙拉開。

③ 第二種是腹甲沒有拆除的狀況，找到空隙將外殼打開。

　Tip 無論是否拆花蟹的外殼，也要把腹甲剝除。

④ 外殼分離後，需要將內部的沙袋剝除。

　◎ 新鮮花蟹沙袋　　　　　　　◎ 冷凍花蟹的沙袋

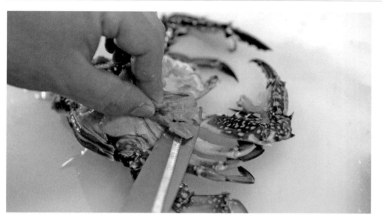

⑤ 用料理剪刀將鰓剪下去除。

　Tip 很多人誤以為黏著在鰓上像芝麻一樣的蟲子是「寄生蟲」，其實這是一種稱為梭蟹板茗荷（Octolasmis neptuni）的海洋甲殼類動物。主要寄生在蟹的鰓並且會妨礙呼吸，但對人體無害，所以可以放心。

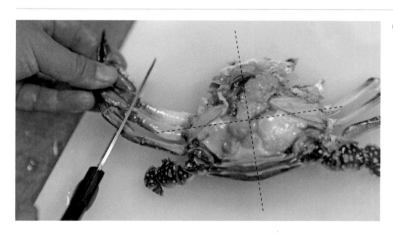

⑥ 花蟹和帝王蟹及松葉蟹不同的地方，在花蟹螃蟹腳沒有肉，所以蟹腳的終端部分，對料理沒有幫助，因此需要剪掉。把腳剪掉後，也將整個蟹螯去除。如果是做花蟹湯要切成四等分，如果是燉花蟹則需切可以入口的尺吋。

⑦ 在剪花蟹時，剪刀必須依圖片的方向剪，如果相反，蟹黃可能會碎裂或往下掉。

⑧ 最後將取下的螯用刀柄敲破，用餐時會比較方便。

⑨ 花蟹乾淨的處理完成。

CHAPTER 25

海菠蘿的處理法

被稱為海中鳳梨的海菠蘿是屬於春天的產物，現在多虧了養殖技術，成為四季都可以吃的水產。海菠蘿正式名稱是真海鞘（Halocynthia roretzi），被認定為高營養、低脂肪，還具有美容、減肥效果。海菠蘿有高含量膠原蛋白，可以快速供給人體葡萄糖，對消除疲勞很有幫助；也含有釩和EPA成分，可以預防糖尿及失智，並有助於預防腦中風和心肌梗塞。那麼現在我們來學習初學者也能簡單操作的處理方法。

HOW TO

① 海菠蘿在有規模的傳統市場或水產市場上購買價格低廉，直接買活的回家自行處理，就可以以最新鮮的方式吃到。

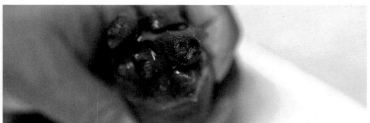

② 海菠蘿有兩個大突起處，末端十字形的突起是入水孔，一字的突起處為出水孔。入水孔具吸收海水及食物的作用，出水孔則是排出消化的殘渣。

③ 先將入水孔及出水孔切除，並切掉另一邊的根部。

④ 入水孔和出水孔處也有附著一些肉，所以不要丟掉，洗乾淨後放入盤內。

⑤ 用刀或剪刀，將本體切二等份。

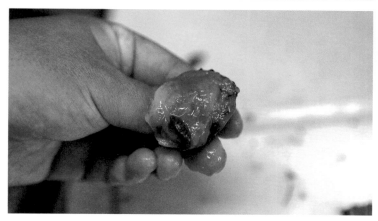

⑦ 推出縫隙後將肉抓出來。

　Tip 尺寸較小的海菠蘿不用完全將
　　　外殼與肉剝除，有外殼的狀態
　　　放在盤內也很美觀。

⑥ 此時將外殼和肉分離，在外殼和肉中間用拇指推開。

⑧ 肉的中間有個無法消化的籽，
　須要用刀子剝除。

　Tip 如果海菠蘿的肉比較大，可
　　　以切適口的大小。

⑨ 海菠蘿身上的海水如果沒洗乾
　淨，吃起來會太鹹，因此必須
　要稍微沖洗過。

　Tip 新鮮的海菠蘿可以當生魚片
　　　吃，已經處理過並超過3-4
　　　小時熟成，味道將會更加濃
　　　郁，適合沾辣椒醬和醬油。

CHAPTER 26

蝦子的處理法

蝦子的處理只需要剝殼和去內臟，但卻是一個費力的工作。在這一章節，我們來了解一下如何在沒有任何工具的情況下，徒手將蝦處理乾淨，同時保持蝦的原形。

HOW TO

❶ 首先去鬚和觸角。養殖蝦（白蝦）的觸角短，不需要去除，但野生蝦則觸角長，要和鬚一起去除。處理大蝦、白蝦、虎蝦的方法都是一樣。

❷ 如果要炸蝦，最好去除尾鰭上的「水袋」。尾鰭中央三角形的尖尾就是水袋，裡面含有水分，如果不清除，炸的時候就會噴油。手輕輕摘除水袋。

❸ 剝掉蝦頭上的殼。從蝦頭的下巴部分開始剝開蝦頭殼，像上圖一樣，很容易剝開。

> **Tip** 蝦殼中含有製作美味高湯的成分，而且營養豐富，所以在做湯或蒸煮時，可以用蝦殼煮湯。

❹ 蝦子的內臟附著在蝦背上。用拇指和食指輕按背部，如果內臟露出的話，就輕輕剝除。

⑤ 觀察蝦體的橫切面，會發現蝦子體內有條有長長的消化管。

⑥ 消化道可以用手（指甲）輕輕拉一下或用牙籤去除。

　Tip 如要做爽口的蝦仁料理，最好去除內臟。但如果是油炸，即使不去除也不會對味道產生太大影響。

 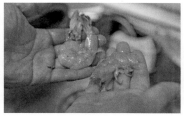

⑦ 最後要剝除蝦殼，此時也要運用指甲。抓著蝦子的肚子，另一手抓住蝦殼旋轉。剛開始處理時，還無法一口氣剝除，但如果熟悉這個手法，就可以整個剝除。

　Tip 蝦的外殼跟蝦腳相連，最好跟蝦腳一起剝除。

⑧ 蝦子處理得乾淨俐落，而蝦子尾部最後一節是支撐尾鰭，為了擺盤美觀最好不要剝除。

CHAPTER 27

鳥尾蛤的處理法

鳥尾蛤的產季在一到三月，肉大外殼緊密。最好是買養殖在海水循環的水槽或供氧環境裡的鳥尾蛤（避免買到外殼破掉或泡在死水裡的）。如果不想處理也可以只買肉，但可能不太新鮮，所以一定要選擇貝殼顏色較深，並且帶有巧克力色的鳥尾蛤。這邊我們來學習涮涮鍋用鳥尾蛤的處理方法。

HOW TO

❶ 戴著手套，手握住鳥尾蛤。

❷ 雙手包住鳥尾蛤，輕輕用力扭一下，外殼就會打開。

　　Caution 鳥尾蛤的外殼非常脆弱，如果施加太大的壓力會造成外殼碎裂而扎進蛤肉裡，所以要特別注意。

❸ 把上殼取下來，就會露出蛤肉，像鳥嘴的部份必須跟巧克力一樣深色，才是新鮮的。

❹ 將拇指按在蛤肉下面，分開外殼與肉。

　　Tip 用拇指推動貝柱底部，即可輕鬆取下。

⑤ 鳥尾蛤雖然不用特別吐沙，但內臟中間有像泥一樣的雜質，吃的時候一定要去除。就如讓圖中虛線方向狀進行切割。

⑥ 用刀將綠黃色的內臟去除。

Tip

1. 在餐廳裡，鳥尾蛤都是放在水族箱內的，大約放2-3天鳥尾蛤就會適應新的環境，吐出雜質。業者們稱之為「長青苔了」，因此可以直接吃已經吐掉雜質的內臟。
2. 為了增加口感，切的時候保留圓鼓鼓的地方。

⑦ 用這種方法處理的鳥尾蛤必須用海水沖洗。建議購買時也帶走一袋海水，但如果沒有的話，可以用一把鹽巴加入水中完成清洗過程。

Tip 不建議用淡水清洗，因為淡水會使它的光澤急劇下降，並且失去口感。

CHAPTER 28

魚類處理法（辣湯、熬煮用）

像前面所學的一樣，處理魚的方法大致分有兩種。A：頭部和內臟一起去除的方法、B：鰓和內臟一起去除的方法。在處理成生魚片時，因為不需要使用魚頭，所以採用A方法。在這一章，我們來了解一下同時去除鰓和內臟的處理方法。

HOW TO

❶ 處理魚時都需要先去魚鱗，可以用刀或刮鱗刀來刮除。

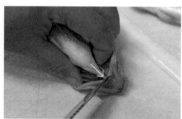

❷ 箭頭處為咽喉，幾乎所有魚的咽喉和下巴連在一起，這部分用刀割斷。

❸ 分離魚頭和魚身。

❹ 咽喉、下巴、身體和鰓都各自分開，虛線部分是下巴和鰓連接的地方，這個部分也要用刀輕輕壓斷。

Caution 處理大魚時要注意安全。

⑤ 用刀尖稍微刺入肛門，然後往前切入魚肚。在切魚肚時會碰到胸口部位，此時用一隻手壓住，固定魚的位置。

Tip 在切魚肚時，盡量用刀子最尖端，避免切破魚卵或內臟。

⑥ 進行到這個步驟，就要準備做好一次性分離鰓和內臟作業。

⑦ 打開魚肚同時，用手抓住鰓輕輕往上拉，就可以連內臟都一起去除。這時連接到肛門的內臟（腸和卵巢）是不容易分離的，因此需要用刀劃開。

Tip 抓住鰓的末端往後拉時，可能會斷掉，所以抓最大部分的鰓比較好。

⑧ 如果魚很新鮮，可以將卵巢、精巢和肝分開後，運用在高湯裡。但是河豚和有毒魚類千萬不要內臟入菜。

Tip 黃色的袋子為卵巢。

⑨ 用刀尖或刀跟將內臟剩餘雜質刮除。

⑩ 必須用流動的水洗淨處理好的魚，這樣魚湯味道會比較乾淨。

⑪ 最後，各部分的魚鰭都會產生魚腥味，所以用剪刀剪掉。

CHAPTER 29

角蠑螺（扁玉螺）處理法

韓國近海的海螺種類繁多，角蠑螺屬於蠑螺科的一種。不論在東海、南海，還是西海生長的海螺，都有各自的名稱並成了地方特產，但在學術上，只有一個正式的名稱。在螺類生物中，或多或少都含有一種神經毒素，如果在水產市場購買的角蠑煮來吃，出現頭暈或喝醉酒等身體無法保持平衡的各種反應，表示很大的可能是因為神經毒沒有去除。吃角蠑螺、扁玉螺時一定要把含有神經毒的唾液腺去除（鼓膜或扁玉螺的頭），現在我們來了解有哪些角蠑螺（扁玉螺）含有神經毒以及處理方法。

紅皺岩螺

在以首爾和首都圈為首的西海地區將紅皺岩螺稱之角蠑螺或角螺。牠的唾液腺像小指甲一樣小，毒性也很小。大部分直接料理都不會有甚麼問題，但耐受性較弱的人會出現頭暈、睏意、輕微食物中毒等症狀，因此去除唾液腺再食用比較好。

◎ 紅皺岩螺（又稱角蠑螺）

卡民氏峨螺

也被稱為香螺或響螺，在西海、南海、東海都有棲息。雖然個頭比紅皺岩螺小，但含有神經毒的唾液線卻很大，毒性很強，因此必須去除後再吃。

Tip
卡民氏峨螺比紅皺岩螺還小並且細長，帶有亮黃色的外殼。尤其是螺口周圍有花紋很容易區分（如果有花紋就是紅皺岩螺）。

◎ 卡民氏峨螺（又稱香螺或響螺）

津貝Buccinum tsubai

津貝又被稱為黑貝、農貝。東海為主要棲息地，比其他螺類的體積還小，特別香甜。而且沒有毒性，可以直接吃。

○ 津貝

此外，被稱為角螺（雕刻物螺），鮑魚螺（關節物螺），毛螺（豆角螺）等屬於螺科，大部分都有唾腺腺，所以在加工時一定要去除。沒有唾液腺的海螺（角螺）、大珠螺（西海螺）、紡車螺（白骨螺）以及加工成罐頭的海螺則可以直接食用。

HOW TO **去除紅皺岩螺（角蝾螺）的唾液線**

❶ 在流動的水中，以烹調用刷子或牙刷等搓擦，去除貝殼上的異物。

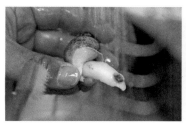

② 沾在肉上光滑的粘液也在流水下用刷子刷掉。

③ 在平底鍋裡倒入能將海螺蓋住的水。如果不是市場買的，要放入1-2大勺清酒和大醬以減少異味。水開後放入海螺，蓋上蓋子煮約7-10分鐘。

Tip 注意煮太久可能會縮小，煮後不宜再用冷水漂洗。

④ 煮熟的海螺用叉子叉拔最方便，將叉子插入肉中，然後輕輕轉動殼取出螺肉。

⑤ 如果仔細觀察紅皺岩螺的內臟，會看到綠色的內臟，這個部位最好不要吃。

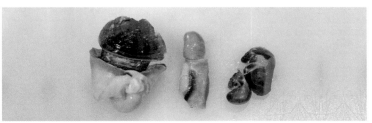

⑥ 上圖是肉和內臟分離的樣子。

⑦ 紅皺岩螺的內臟分為綠色和深褐色部分，如果吃到綠色內臟就會拉肚子，所以不要吃。另外，通常被稱為海螺排泄物的褐色內臟（海螺肝），即使吃幾塊也不會出問題，但以角螺為首的各種螺類的內臟還是建議不要吃。

⑧ 把黏在肉上的硬蓋子摘下來。

唾液腺

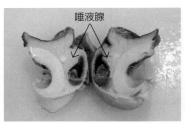

⑨ 如果將螺肉縱切後，會看到像黃色油一樣的地方，這裡就是引發中毒的唾液腺。紅皺岩螺的唾液腺非常小，毒性也很小，大部分不會引發食物中毒。但是耐性不足和身體狀態不好的人最好不要吃，可以用刀挖出唾液腺。如上圖將唾液腺剝除。

Tip

對於抵抗力較強的人，唾液腺不去除也沒問題，但若吃太多，汗會如同雨下，而且還會暈眩，就像喝醉酒一樣連重心都抓不穩。比較嚴重的情況，會長水泡、眼睛和舌頭會感到如同被拉扯的痛苦症狀。這沒有特別的治療方法，躺下來充分休息，大部分就會變好。

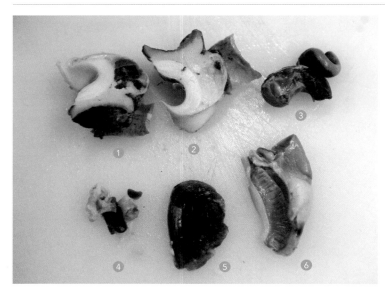

⑩ 一顆煮好的紅皺岩螺分解如左圖。

①~② 肉
③ 內臟（又被稱為排泄物）
④ 唾液腺（像黃油的地方）和不能吃的器官
⑤ 蓋子
⑥ 引發拉肚子的綠色內臟

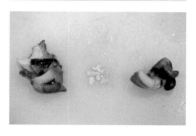

① 分離煮好的卡民氏峨螺的肉和內臟。

② 將肉切成兩半，可以看到像黃油的地方，這就是會引發神經毒的唾液腺。

③ 毒性很強的卡民氏峨螺唾液腺一定要仔細去除。

不用擔心唾液腺（毒）的螺肉

- 白螺
- 角螺
- 扁玉螺
- 枝螺、瘤岩螺或小型螺類
- 罐頭螺類

唾液線（毒）必須要去除的螺類

- 卡民氏峨螺
- 紅皺岩螺
- 軍號螺、毛螺、海蝸牛
- 小孩拳頭大小的螺類

CHAPTER 30

魷魚處理法

市場上有銷售處理好的魷魚，但還是很多人會自己去除魷魚內臟、嘴等必要進行的工作。新鮮或解凍魷魚如處理時內臟不小心破裂，就會沾滿黃色的便，相當困擾，所以在處理魷魚時冷凍魷魚會比新鮮輕鬆，如果不是在產地購買的，反而急速冷的魷魚更加新鮮，因此寧可購買冷凍魷魚，在約解凍50-70%後再處理，過程會更加乾淨俐落。現在開始學簡便的魷魚處理法吧！

HOW TO

① 使用料理剪刀從正中央剪開魷魚。

② 攤開剪開的肚子，可以看到頭、腳等都是連結在一起。

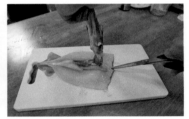

③ 用刀或手將原本固定在身體的腳，用另一隻手慢慢往上拉出。必須小心不要讓內臟斷掉，可以將腳、頭、內臟一口氣拉出來。

Tip 必須小心翼翼不要讓內臟斷掉。可以一次性將腳、頭、內臟分離。

④ 分離內臟和頭。如果從A切斷為快速型，從B切斷為節儉型。這邊學習神快型的方法。

Tip 如果從B位置切斷的話，可以連魷魚的頭一起吃，但眼睛跟嘴巴必須剝除。

⑤ 輕按腳的上部，嘴巴就會凸出來。此時嘴裡藏著硬牙，必須要去除掉。

⑥ 身體中間的軟骨拉起來，直接分離。

⑦ 用刀刮或用手拉起來，去除去附著在身體上的異物。

> Tip 如果要將魷魚加熱烹調，魷魚皮內包含了許多營養成分，可以不用剝除。

⑧ 最後，魷魚腳用流動的水，將吸盤沖洗乾淨。

> Tip 如果想要更乾淨的清洗魷魚腳的吸盤，可以沾上粗鹽和麵粉搓洗。

⑨ 料理魷魚時，如果像照片一樣交叉切出刀痕，不僅外觀好看，醬汁也比較入味，口感也會更好。

> Tip 魷魚身上的刀痕盡量細緻，效果會更好。

CHAPTER 31

鮑魚處理法

鮑魚通常以「頭」為單位，10頭鮑表示每公斤有10個鮑魚，20頭鮑為每公斤有20個鮑魚，數字越少，個頭越大，價格就越高。去市場還能看到40頭鮑，這種鮑魚的肉大約500韓元（台幣10元）硬幣大小，主要是餐廳低價採購，用於海鮮拉麵或鮑魚砂鍋等。那麼現在開始瞭解一下鮑魚的處理方法吧。

HOW TO

① 把活鮑魚翻過來看，如果蠕動得越活躍越新鮮。在水族箱裏貼在玻璃牆上的鮑魚，會比在底部的健康。另外可以選擇不斷活動的鮑魚會比較新鮮。

② 首先去除鮑魚肉上的粘液和雜質，用粗鹽揉搓，然後沖洗一次。

Tip 鮑魚的邊緣用牙刷使勁刷洗。

③ 將湯匙往深處插入，可將鮑魚肉和殼分離。

Tip 鮑魚的肉比想象還要結實，所以要用湯匙稍微用力塞進去。

④ 這是摘掉肉的樣子。手握住分離好的肉，慢慢轉動，徹底去除外殼，這時要注意不要將黏在殼上的鮑魚肉撕破。

⑤ 用剪刀剪掉肉和內臟的連接處。

Tip 分離肉和內臟時，可以選擇自己方便使用的刀和剪刀就可以了。

⑥ 去除內臟後能看到鮑魚的牙齒，也用剪刀剪掉。　　⑦ 完成分離肉、牙、內臟的處理。

⑧ 如果打算做生魚片鮑魚的話，在保留富嚼勁口感的同時，也不要硬邦邦的，因此需要像魷魚一樣用刀畫出交叉切口，而且要有點厚度。如果用在鮑魚粥上，最好切得像上圖一樣又薄又寬。

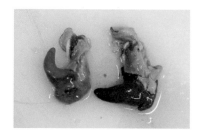

作為參考，鮑魚的雌雄可以由內臟顏色來區分，雄鮑魚的內臟是黃色，雌鮑魚則是暗綠色。雌鮑魚棲息比雄鮑魚更深的地方，攝取深色海藻類，可以理解為何內臟帶有黑暗的綠色光。分辨鮑魚雌雄的主要目的是料理的用途不同，雄鮑魚肉厚，所以更適合做生魚片，而雌鮑魚比較柔軟，適合用於蒸和燒烤。

CHAPTER 32

窩斑鰶處理法

秋季的窩斑鰶比其他季節時脂肪含量提高約三倍，也是最美味的季節。本章將學習炸窩斑鰶的方法，不僅適用於窩斑鰶，還適用於竹筴魚、黃花魚，都可以炸得香酥金黃又美味。

HOW TO

① 像這樣從背到側鰭入刀，直到腹部。

Tip 以圖片的窩斑鰶來看，肚子有銀白色的光澤，證明它依然新鮮，但由於瞳孔渾濁、帶血色，所以並不適合做生魚片。在秋天的水產市場，可以用低價購買成堆出售的烤魚。窩斑鰶的價格是根據當時捕獲量來決定的，但一般來說，傳統市場比超市便宜，而水產市場一定比傳統市場便宜。

② 另一面也要用斜線切。

③ 切掉骨頭的同時，將頭向側面拉出，與內臟一起分離。

④ 去除腹部殘留的內臟和雜質，特別是用刀尖刮掉包裹內臟的黑色膜。

⑤ 現在沿著中間的脊椎骨切到身體，乾淨俐落地切開魚身。

Tip 切魚身時可以切斷尾巴。

⑥ 以脊椎骨為中心，另一面也用同樣的方式切開並且切斷尾巴。

Tip 很多人覺得切另一面相當困難，但困難的原因在於刀的角度。因為魚身本身有些傾斜，所以必須認知到橫切的角度並不是完全水平狀態。第一面切開時是朝自己方向傾斜，很容易操作刀的角度，但是切另一面時，刀子也要反過來傾斜。

⑦ 若是油炸，無需另外去除小刺或肋骨，但最好切除腹部最末端部分較粗糙的地方，刀要以適當角度，像剔肋骨一樣切除。

Tip 將刀適當的斜切，像在切肋骨一樣切掉。

⑧ 像這樣切好的窩斑鰶經過基本的醃製後油炸即可。

CHAPTER 33

蛤蜊吐沙處理法

圓滾滾的蛤蜊看著都好吃。但是，如果因沒有做好吐沙的前處理而咬到沙子，就可能因此討厭吃蛤蜊。尤其是剛撈起或市場銷售的蛤蜊，常會含有滿滿的泥沙，因此要特別注意洗滌和吐沙。吐沙最好用海水，但如果沒有海水，可以在水裏放鹽，儘量和蛤蜊棲息環境相似，才能迅速去除雜質。

HOW TO

① 製作濃度為3%的鹽水，每公升水放30克鹽。此時，如果不知道該放多少鹽，可以在水中放入雞蛋來確認是否調整鹽分。如果雞蛋浮上來，表示濃度已經適中。

Tip 請注意如果鹽沒有完全溶解，在將雜質全部吐出之前，蛤蜊可能會先死掉。

② 吐沙時，將勺子、叉子或10元硬幣等鐵或不鏽鋼、銅等金屬一起浸泡，會因化學反應，對去除蛤蜊雜質很有幫助。

Tip 必須使用銅含量高的舊銅幣才有效果（台幣以壹元和伍拾元含銅量最高）。

③ 加入1~2勺醋也有助於吐沙。

④ 最後蓋上報紙或黑色塑膠袋，放在陰暗的地方，靜置3~4個小時或1天左右就能完成吐沙。戴上橡膠手套，以流動的水用力搓洗吐完沙的蛤蜊，連表面的雜質也去除乾淨後再料理。

Tip 吐沙時間根據蛤類的種類而不同，最好根據吐出的量進行判斷。

超市銷售的包裝蛤蜊基本上已經完成吐沙，購買後，只要放在冰箱裏3-4個小時，就會自動把剩餘的雜質吐出來。（編按：台灣超市販售真空包裝的蛤蜊，仍須依包裝上的指示泡鹽水吐沙。）

CHAPTER 34

小章魚處理法

小章魚的季節是春天，特別從3月末到4月中旬之間捕獲的小章魚是別具一格的美食。如果是直接抓到的，不用做任何處理，也可以放入拉麵煮著吃。但如果是從市場買來普通新鮮度的小章魚，最好經過去除內臟等處理。在傳統市場、超市裡一年四季都能看到的小章魚大部分產自越南，解凍後銷售。如果不是專家，很難區分中國還是韓國產，因為是在同一片西海捕撈，所以味道也沒有太大差異，但價格僅為韓國產的一半。活小章魚適合火鍋和生拌菜，已經死亡的則可做煎餅和熱炒。

HOW TO

❶ 處理小章魚的方法非常簡單，從拔除內臟開始。

> **Tip** 雖然小章魚的產卵旺季在春天，但在秋天的小章魚不分雌雄都相當受歡迎。

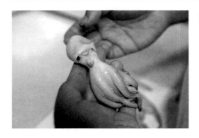

❷ 用拇指和食指抓住小章魚的頭部翻過來。

❸ 如果用手不好處理，可以利用剪刀將頭剪一刀，然後翻過來就可以了。

④ 頭翻過來後會看到深色的內臟出現。

⑤ 用手撕開內臟。

　Tip 一開始會覺得噁心，但用手撕開的速度很快。

⑥ 內臟大致分為墨囊和卵巢。

　Tip 小章魚產卵的時間是2~5月，其中以飯粒形狀的卵最飽滿的時期是3月末~4月份（中國產小章魚早二~三週）。除此之外，可能出現雄性精巢，這個部分可用來料理也可以不用。

⑦ 將小章魚的腿張開後，用雙手用力按壓嘴周圍，去除牙齒。

⑧ 在盆內放入小章魚和麵粉，用力揉搓後洗淨即可。

　Tip 去除小章魚腳吸盤上的雜質，用水沖洗即可，但為了將身上的粘液也乾淨，最好使用麵粉搓洗。

CHAPTER 35

剝皮魚處理法

在韓國近海捕撈的剝皮魚種，有單角革魨、馬面魨、冠鱗單棘魨和擬態革魨魚4種，其中擬態革魨是毒性很強的亞熱帶魚類，不能食用，也不是常見的魚類。除擬態革魨外，其餘3種都做一般食用魚，

這些剝皮魚種都沒有鱗片，身上只有魚皮，因此處理方法與其他種魚類不同。那麼現在開始簡單瞭解一下可以食用的剝皮魚科魚種，並瞭解一下處理方法吧。

冠鱗單棘魨、馬面魨、單角革魨

單角革魨是全長70公分的大型魚種。照片上面的馬面魨很少被捕捉，市場上流通的魚大多是在鱈魚肉和東南亞產剝皮魚中加入調味料後曬乾的。

照片下方的冠鱗單棘魨具有獨特的型態，味道也是三種中最好的。但沿岸個體數量大幅減少，因此需要養殖或放生魚苗。

長大的冠鱗單棘魨最多到30-35公分，是剝皮魚種中最小的。可以生食肝的魚有剝皮魚、魟魚、鮟鱇等，其中剝皮魚的肝被稱為大海的鵝肝醬，相當美味。在新鮮時，用流動的水清洗後，沾上醬油或油鹽醬吃的話，有花生醬的香味。在日本也會將剝皮魚的肝攪碎在醬油中，配著生魚片一起上菜。

① 去除剝皮魚內臟的方法和其他魚一樣。先在肛門稍微入刀，再切到下顎，剖開魚腹。取出內臟時，用刀的後跟刮除，也可以戴上塑膠手套，用手直接剝除。這樣操作比較不會傷害到剝皮魚的肝。

② 徹底去除內臟後，用刀切除兩側的側鰭。

③ 剝皮魚的背上有個很硬的角，烹調前一定要去除。用刀抵住魚角，用手輕擊刀背去除。

④ 在頭頂正中間到上嘴脣位置，用刀輕輕切開表皮。

Caution　剝皮魚的魚頭正中央，由非常堅硬的骨頭組成，在切時用力過猛，可能會導致刀歪傷到手，操作時需要特別小心。

⑤ 嘴角也像去魚角一樣用手拍打刀背，　到此為止是去處理剝皮魚外皮的準備過程。

⑥ 如果前面的準備作業做得好，去皮工作就很順利。從嘴巴開始抓著魚皮，直接將魚皮剝除到尾鰭。

Tip　剝皮時可能會卡在側鰭上，會有一些部分不易脫落，手剝皮沒有太大困難。

⑦ 新鮮的剝皮魚當生魚片吃的話，去完皮後，直接將魚肉切成生魚片。如果預計作燉煮或湯料，則需切成2~3等份魚塊。

CHAPTER 36

水針魚處理法

水針魚是代表寒冬的魚種,也是百姓的生魚片。活魚的情況非常罕見,大部分都是以鮮魚方式流通,因此在首爾和內陸地區很難看到新鮮的水針魚,但在海岸邊的傳統市場,常見季節時令水針魚。新鮮的可做生魚片,也可以鹽烤、油炸,做點心吃就行。水針魚的樣子與眾不同,處理方法也很特別,可以仔細的學習。

HOW TO

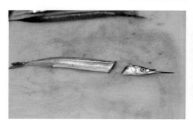

❶ 將刮除魚鱗的水針魚放在砧板上切掉頭。

　Tip 由於水針魚的鱗片又小又薄,所以用菜刀刮幾下很容易掉下來。

❷ 水針魚體型又瘦又小,注意不要傷到手,輕輕用刀劃肚子。

❸ 取出內臟,特別是要好好刮掉包裹內臟的黑色膜。

　Caution 吃多黑色膜會引發腹瀉,要注意。

❹ 用流動的水沖洗。

❺ 用手抓住肛門附近的後鰭,並用另一隻手撕掉。

　Tip 後鰭先剝除後,去皮工作就會很容易。

❻ 使用乾淨的乾抹布或廚房紙巾,仔細擦乾內臟和水氣。

⑦ 從這裡開始，要在殺菌乾淨的砧板上繼續進行處理。沿著脊椎骨正前方入刀後，保持碰到脊椎骨同時切半。

⑧ 另一面也用同樣的方法切開，就可以完成3片魚片。

Tip 如果要做炸物料理，只要處理到這邊。水針魚有卵的狀況，可以不用切一半，直接炸也沒關係。另外，切好肉後剩下的魚骨，只要將魚尾剪掉，入油鍋炸就可以成為好吃的炸物。

⑨ 抓住整個身體末端的魚皮，小心撕除但不要撕裂肉。

Tip 其他魚去皮時，也可以用同樣的方法用刀去皮。

⑩ 若吃生魚片，必須剔除粗糙的肋骨。雖然說是肋骨，但它是包在內臟部位的小刺，由於這種小刺的形態較長，如果處理不當，肉塊的損失就會增加。因此，在日式料理中，由熟練的廚師負責處理。

⑪ 用刀尖在魚片切一刀。此時切割的肉厚度要保持一定，所以刀要適當角度平切，從頭開始仔細切片。

Tip 這項工作需要一些時間，但重要的是要精準地練習。

⑫ 切成適合食用的大小，生拌水針魚生魚片就完成了。

CHAPTER 37

海參處理法

海參與其他海產品相比,需要處理的地方不多。一般在生魚片店多當配菜,偶爾在水產市場親自買來吃的話,會有更好的口感和新鮮的大海氣味。現在讓我們瞭解一下比任何海鮮都要簡單的處理海參的方法吧。

HOW TO

① 活著的海參有未經處理就噴出腸子的情況,這是海參受到威脅時本能的自衛行動,不必擔心。

② 如上圖切斷海參的兩端。

③ 將身體分成兩半。

④ 用刀刮掉內臟。

⑤ 用流水沖洗身體。

⑥ 切成適宜食用的大小,海參就處理完成了。

海參的腸子

海參的腸子被稱為「海鼠腸」，中國人雖然喜歡乾燥海參，但不怎麼吃海鼠腸。而日本人非常喜歡這種海鼠腸，有時用蛋黃攪拌後放在熱騰騰的米飯上吃，有時會用來做比目魚生魚片醬料或者醃製魚醬。但是可以吃的不是像線一樣細的腸子，而是粗腸子，因此海參內臟並不全都是海鼠腸。

海參以沙中的有機物為生，腸子裏可能有未消化的雜質，最好用流水充分沖洗去除雜質。

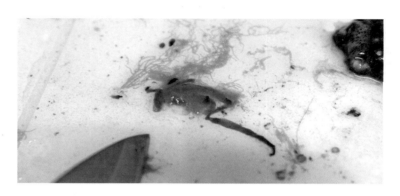

如圖的海鼠腸最適合搭配比目魚生魚片、切碎的細蔥和蛋黃，做成「比目魚海鼠腸醬」。可以與生魚片攪拌吃，可以單獨盛在醬料碟中，和熟成的生魚片很相配。

PART 05

海鮮燒烤 & 炸物
漁夫的黃金食譜

CHAPTER 38

日式炸比目魚排

日式炸魚排料理必須表面酥脆，魚肉溼潤，所以適合水分多且柔軟的魚肉。韓國沿岸主要棲息著肉質堅硬的魚類，因此很常使用進口鱈魚，但其實比目魚更適合做成炸魚排。現在開始瞭解一下比目魚製作美味炸魚排的方法吧！

漁夫的材料

- 比目魚 500~600g
- 雞蛋 1個
- 炸粉 1杯
- 麵包粉 2杯
- 鹽 少許
- 黑胡椒 少許
- 料酒 1中匙

※ 2人份

漁夫的醬料：塔塔醬

- 美乃滋 12大匙
- 切碎洋蔥 1/4個
- 切碎小黃瓜和洋蔥 1:1
- 砂糖 1中匙
- 檸檬汁 1中匙
- 切碎巴西里（或羅勒）少許

※ 製作塔塔醬時，最重要必須充分攪拌直到砂糖完全融化，不會有殘留顆粒

炸比目魚排 黃金重點

① 炸魚排的肉必須要夠厚，因此可以的話使用1公斤以上的魚。

② 每年五、六月是野生比目魚最多的時期，此時最適合品嘗炸比目魚排。

③ 西餐中，越南產的巴沙魚、尖吻鱸、鯰魚等魚種常被拿使用製作炸魚排。這些都是冷凍產品，容易保存價格也便宜。肉質水分相當多，所以適合製作炸物。

④ 加熱肉質就會變硬的鯛魚和石斑魚都不適合當作炸魚排的材料。

RECIPE

① 魚肉用鹽、黑胡椒、料酒（或是清酒）醃製，等待30分鐘就可以開始料理。

② 均勻地沾上炸粉後，將多餘的粉抖掉。

③ 充分浸泡在已打散的雞蛋。

④ 用手輕輕按壓，裹上麵包粉。

⑤ 只需炸要吃的份量，剩下的魚排可以蓋上保鮮膜或放入密封容器保存在冷凍庫。

⑥ 深鍋倒入食用油（芥花油）加熱到180℃，再下準備好的魚。

Tip
1. 丟入一小撮麵包粉，如果邊緣出現泡泡，表示溫度已經足夠。
2. 如果一次炸太多，會讓油的溫度瞬間下降，也會降低成品的酥脆感，因此最好分批炸。

⑦ 炸到顏色變黃，只要魚排開始浮起就要撈出來，放在網篩或廚房紙巾上冷卻3-5分鐘。要照顧好火候，並翻面一兩次，避免表面變黑。

⑧ 冷卻3-5分鐘後再炸一次，就可以品嘗到更加酥脆的魚排，炸第二次時只需30秒以內快速完成。

⑨ 比目魚的腹肉脂肪含量高（30%），如果直接吃生魚片，可以吃出它的價值。但如果新鮮度下降，就可以改用炸物的方式處理。醃製比目魚的腹肉也是用炸粉、雞蛋、麵包粉等一樣的準備過程。腹肉較小，所以很快就會熟，因此只要炸一次就足夠了。

⑩ 日式炸比目魚排和腹肉完成。與預先準備的塔塔醬沾著吃，就可以體驗魚排的新世界。

CHAPTER 39

比目魚排

平常很會做菜的人，也覺得沒有比魚排還麻煩的料理。比起牛排，魚排更不容易熟，而且不同的醬料、食材的搭配，料理的完成度也會截然不同。雖然有點難度，但特別的日子裏，在家可以營造出在外用餐氛圍的比目魚排，現在開始學習吧！

漁夫的材料：醃料	漁夫的醬料：義大利香醋醬	漁夫的醬料：美乃滋醬
·厚質比目魚肉（或鱸魚肉）一片 ·橄欖油 少許 ·鹽 少許 ·黑胡椒 少許 ·料酒 1中匙 ※1人份	·義大利香醋（巴薩米克醋）2中匙 ·橄欖油 6中匙 ·砂糖 1大匙 ·檸檬汁 1中匙 ·鹽和黑胡椒 少許	·蛋黃 3個 ·檸檬汁 3大匙 ·橄欖油 9大匙 ·鹽和黑胡椒 少許

RECIPE 醃料

1. 將橄欖油均勻地塗在魚肉上，用鹽和黑胡椒調味。
2. 撒上料酒（清酒）後放置約15分鐘。

   Tip 本書是用生魚片剩下的大比目魚肉塊，因此沒有魚皮。而魚排最重要的是煎烤出酥脆的皮，因此最好使用帶皮的比目魚或鱸魚。

RECIPE 義大利香醋醬

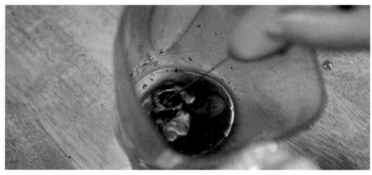

1. 除了橄欖油，其他材料放入容器後，用攪拌器均勻攪拌。
2. 攪拌機持續運作，同時慢慢倒入橄欖油。
3. 攪拌2-3分鐘後橄欖油和義大利香醋會相互融合（但攪拌太久會再度分離）。

RECIPE 美乃滋醬

1. 除了橄欖油，其他材料放入容器後，用攪拌器均勻攪拌。
2. 攪拌機持續運作，慢慢倒入橄欖油。
3. 攪拌6-7分鐘直到開始出現美乃滋水準的稠度（使用電動攪拌機較方便）.

漁夫的副材料

· 生菜葉 1把
· 蘑菇 2個
· 蒜頭 4瓣
· 銀杏 5個
· 龍鬚海藻 1把
· 大麥片 2大匙

比目魚排 黃金重點

① 魚排不應該超過100%的熟度，過熟會造成水分流失，魚肉容易碎裂並且口感變硬。相反的如果不夠熟，吃起來會不舒服，適合的熟度大約90~95%最好。為了提高魚排料理的熟透度，根據肉的厚度不同，需要不同的時間，這也需要很多經驗累積。

② 海藻在這道菜中起著很重要的作用。因為厚厚的比目魚只有表面有調味，但肉中間仍然味道很淡。調整增加口感和鹹淡的就是大麥片和炒海藻。

③ 與醬料的搭配也很重要。淋上義大利香醋醬和美乃滋醬吃，香醋的酸甜和美乃滋的香濃相當搭配，更加豐富了比目魚排味道。在西餐料理中一盤菜要做到醬料和食材之間的味道均衡絕妙。

RECIPE 比目魚排

❶ 如果家裏有堅果，請全部拿出來，用刀背砸碎。

❷ 用生菜葉搭配蘑菇、蒜頭、銀杏等洗好後甩乾水分。

❸ 去除龍鬚海藻的鹽味和用充足的水將大麥片泡軟。

Tip 如果沒有大麥片，可以改用豌豆，或蒸熟的藜麥、北非小米（couscous）。

❹ 龍鬚海藻去掉水分，切成適合食用的大小。平底鍋裏倒入橄欖油後開大火，加入泡好的大麥片和海藻，一起炒完後，撒入鹽和胡椒調味，等熟了再盛出來。

❺ 平底鍋冒煙後倒入橄欖油，放入比目魚肉，一面煎約3分30秒。

Tip 如果比目魚厚度不厚，只要2分30秒就足夠了，不能一次就讓它熟。

❻ 魚排翻面再煎2分30秒。

Tip 看切面可以知道是否已經熟了。

⑦ 再來準備配菜！在平底鍋裏倒入橄欖油後，放入蘑菇、銀杏、蒜頭，用鹽和黑胡椒調味後翻炒。

    Tip 如果有像羅勒等香草的話，可以稍微灑一些提香。

⑧ 前面炒好的海藻和大麥片盛盤，上面放魚排，再適當擺上搭配的配菜。

⑨ 在魚排上依次放生菜葉、敲碎的堅果、義大利香醋醬。然後在盤子空位置一勺美乃滋醬就完成了。

⑩ 厚厚的比目魚肉加上生菜葉和堅果，是營養均衡的一餐。

CHAPTER 40

醬烤大蛤

我記得在飲食不足的時代，就憑這道菜配上一碗米飯。雖然80年代不是什麼困難的時代，但當時我從鄉下空手來到首爾，一家住在貧窮區租房生活，我們只能與生計展開艱苦的鬥爭。現在食物種類繁多，幾乎沒有機會吃到的醬烤大蛤。我們一起烹調數十年也不會忘記的回憶味道吧！

漁夫的材料	漁夫的醬料
· 大蛤 2個	· 醬油 2中匙
· 洋蔥 1/5個	· 辣椒粉 1大匙
· 蘑菇或香菇 1個	· 砂糖 1中匙
· 青蔥 少許（可以省略）	· 清酒 1中匙
· 紅辣椒 1/2條	· 切碎大蒜 1中匙
· 青辣椒 1/2條	· 黑胡椒 少許
※ 1-2人份	· 香油 1中匙
	· 芝麻鹽（壓碎的芝麻）少許

RECIPE

① 大蛤的肉撒上粗鹽後，輕輕搓
揉並用流動的水沖洗。

　Tip 在菜市場買大蛤時，要連著
　　　外殼一起帶回家。

② 大蛤的肉（包括內臟）切成適
合食用的大小，蔬菜切成小
丁。然後將醬料材料攪拌均勻
備用。

　Tip 醬料材料中香油和芝麻鹽等
　　　之後再放。

③ 在平底鍋裡倒入適量的食用油，
炒入切好的蔬菜。

④ 蔬菜稍一熟透，放上大蛤肉，用
最大火快炒。

⑤ 放入之前準備好的醬料和香油，
再炒一下。

⑥ 將炒好的菜放入洗乾淨的大蛤殼，在火上煮到醬汁稍微收乾。

Tip

1. 別的蛤類也是一樣的做法。大蛤的肉如果過熟，就會變小，這也是蛤肉和醬料要在最後才放入的原因。因此只要有稍微熟的感覺，就要放在大蛤殼內直到烤熟。

2. 將煮好的菜放入大蛤殼內煮時，湯汁可能會濺出，因此要特別注意。

⑦ 撒入芝麻鹽後就完成。

Tip 醬烤大蛤如果冷卻，湯汁就會乾掉以致蛤肉變硬，因此盡可能煮好就馬上食用。

⑧ 別忘了要有點湯汁才能拌飯吃。這個料理的鹹味和辣味必須適合自己，才不會有負擔。書中所用的調味料，對於習慣於辛辣食物的人來說，可能比較溫和。因此覺得口味平淡的人可以根據自己的口味調整。

CHAPTER 41

烤鯛魚頭

有一道菜名叫「魚頭一味」，指的正是「真鯛」魚頭的美味，特別是1.5公斤以上的鯛魚，從魚頭到頸部都有充足的肉，味道也很好，自古以來就用於高檔料理。現在開始在家親自做高級料理烤鯛魚頭吧！

漁夫的材料

· 鯛魚頭（大）一個
· 粗鹽 適量
※ 二人份

烤鯛魚頭 黃金重點

① 烤鯛魚頭必須含有胸肉和頸肉才會最美味。
② 魚頭上的臉頰肉和頭頂上的肉很好吃，根據魚種的不同，下巴肉和魚嘴也是別具風味。
③ 書中用小烤箱烤以250℃烤約20分鐘。但是根據烤箱的型號和性能不同，溫度和時間也會有所不同，沒有確定的答案。

RECIPE

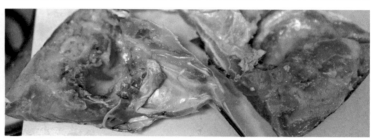

❶ 去除鯛魚頭的腮，並用流動的水清洗。

❷ 用刮鱗刀仔細剝除臉頰兩邊及下巴的魚鱗。

❸ 將鯛魚頭剖兩半，如果刀子沒正確使用會有危險，請特別注意。

　Tip 如果平常就有好好保養刀子，應該廚房用的刀就已經足夠。如果沒有，建議用比較有重量感的出刃切魚頭。

❹ 用粗鹽撒在已經被切對半的魚頭上，烤魚的時候如果魚鰭被烤黑看起來不好，因此需要充分撒上鹽巴，避免魚鰭被烤黑。

❺ 將鯛魚頭放入預熱好的烤箱，上下加熱烤均勻。

❻ 烤到鯛魚頭開始轉變金黃色就熟了，直到有一點焦感就可以取出。

　Tip 魚的表面要有點燒焦的樣子，才是正確。

❼ 烤鯛魚頭最美味的地方是支撐腹鰭的三角形肌，只要是知道鯛魚頭美味的人，第一個吃的部位就是這裡。

　Tip 和魚鰭相連的肉平時運動量大，可以感受到結實口感、彈性、脂肪的香甜味道。

CHAPTER 42

糖醋鯛魚

講到「糖醋」二字，很多都會想到中國料理，在濟州島也有很多賣糖醋魚的餐廳，是將石斑魚和黃鯛炸酥脆後淋上醬汁。在此書中使用黃鯛，但許氏平鮋、赤鯛等魚都可以做這道菜。

漁夫的材料

- 鯛魚（800g-1kg）1條（小的話 2條）
- 炸粉 1杯
- 食用油 適當量（可以覆蓋住魚 的量）
- 紅蘿蔔 1/4條
- 洋蔥 1/2個
- 小黃瓜 1/3條
- 紅辣椒 2條
- 切末的青蔥 1把
- 鹽 少許
- 黑胡椒 少許
- 料酒 少許
- ※ 2-3人份

漁夫的醬料：糖醋醬

- 醬油 1/3杯
- 檸檬汁 1/3杯
- 糖 1/3-1/4杯
- 醋 1/4杯
- 水 1/4杯
- 料酒 1/4杯
- ※ 魚的尺寸較小的話，可以準備2-3 尾配合糖醋醬汁的量
- ※ 也可以使用老抽，但推薦用一般的 調味醬油，不要使用韓式醬油。
- ※ 濃縮檸檬汁取代檸檬汁，使用起來 比較方便。
- ※ 砂糖依照喜好適當添加。
- ※ 如果以清酒代替料酒，則需要減少 使用量。
- ※ 如果是冷凍庫放太久的魚，在製作 糖醋醬時可以添加少量生薑（或薑 汁）。

糖醋醬 黃金重點

① 醬汁原理很簡單，人們通常會 認為，只要菜的鹹淡適當，醬 汁酸酸甜甜的，就會覺得好 吃。如果醬汁沒有煮滾，會令 人覺得酸度高，只有很重的酸 味。因此在製作醬汁時，檸檬 汁和醋、砂糖都加入時，要用 小火煮到滾。

② 如果覺得醬汁的味道太強，可 以加點水調整味道（和魚肉一 起吃，所以醬汁的味道避免太 強烈刺激）。

RECIPE

❶ 切開魚肚（或背），再將鯛魚 整個攤開。

❷ 用廚房紙巾按壓，去除水分及血 水等會破壞味道的因子。

❸ 用噴霧器將料酒或清酒噴上。

❹ 在魚的兩面灑上鹽和黑胡椒。

Tip

1. 在進行調味料之前，請再次檢 查鰭、腹部、頸部和頭部下側 的鱗片是否已徹底清除。

2. 煮糖醋魚時，切記不論魚的大 小，一定要將魚攤開來煮，才 會好吃。

⑤ 如上圖，將蔬菜、洋蔥切成細絲，蔥和辣椒都切末。

⑦ 平底鍋加熱油溫至170℃以上，先將有魚皮的方向朝下炸約3-5分鐘，再翻面炸3分鐘。

Tip
1. 要將魚短時間內炸得酥脆，油溫相當重要。油溫最少要170℃以上（炸粉放下去時，馬上會有炸油的聲音），因此油倒越多越好。
2. 炸魚的時間會隨著油溫的高低而不同。

⑥ 在魚的兩面均勻沾上炸粉後，抖掉多餘的粉。

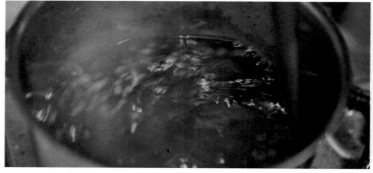

⑧ 在炸魚的同時，另外準備小鍋將所有醬汁材料以小火一邊攪拌一邊慢煮。先用中火，當醬汁開始沸騰時，改用小火用力攪拌30秒到1分鐘。

Tip 醬汁內加入相當多的醋和檸檬汁，散發出會讓鼻子覺得酸感的酸甜味道。另外，必須注意砂糖也一樣加入很多，就算只是暫時沒注意到也會讓醬汁煮成焦糖。根據自己的喜好加入切碎的辣椒（包含辣椒籽），以提升風味。

⑨ 炸到外皮熟透，魚肉變成金黃色就好了。炸好的魚放在大濾網濾出油份，如果沒有濾網，可以像照片一樣，用長木筷夾起並甩出油份。

⑩ 把炸過的魚放在盤子上時，要將魚背朝上，這樣醬汁才能從切痕之間滲入魚肉。

⑪ 把準備好的洋蔥、小黃瓜、紅蘿蔔鋪在魚上面，然後均勻淋上熱醬汁，讓菜稍微燙熟。

⑫ 最後撒上切碎的蔥和紅辣椒，糖醋雕魚就完成了。

　　Tip 擺上青花菜和一片檸檬做裝飾，看起來很漂亮。也可以擠上萊姆或檸檬汁。

⑬ 從魚肉切面看到醬汁經過蔬菜滲入切口處的魚肉。

⑭ 炸魚時可以放入切成薄片的蒜頭一起炸，增加魚肉豐富的香味。

　　Tip 如果蒜頭熟了才撈起，會因為上面沾的熱油而使得蒜片過熟，所以在蒜片變黃、還不是褐色時，就得先撈起。

CHAPTER 43

炸鯛魚片

炸鯛魚片是參考自洋芋片的作法,又薄又脆的料理方法,增添鯛魚片的美味,只要吃過一次就無法停手。除了鯛魚之外,其他的魚也可以做,不妨將冷凍庫裡不知道如何處理的魚拿出來製作成美味的點心。

漁夫的材料

· 鯛魚 2條（只用肉的部份）
· 油 適量（可以淹過魚的量）
· 玉米粉 1杯
· 鹽 少許
※2人份

炸鯛魚片黃金重點

① 用最少量的粉裹在魚肉上。
② 盡可能將魚肉攤到最薄。
③ 炸兩次。

RECIPE

① 用我們之前學到的方法，將鯛魚切片。

② 將鯛魚肉用廚房紙巾包起來，吸掉水分。

Tip 從冷凍庫取出的魚，在半解凍的狀態下比較好切片並且內臟也可以處理乾淨。

③ 切魚時要適當厚度，不可以切得太薄或太厚，這裡採用斜刀切，既薄且寬。

④ 此為適合做炸魚料理的厚度。

⑤ 將所有的魚肉全部切好，因為不是做生魚片，因此就算有一點血漬也沒關係。

⑥ 將玉米粉均勻撒在砧板和擀麵棍上。

Tip 在地板鋪上報紙，方便料理完後的清理作業。

⑧ 炸鯛魚片要如此薄、面積大才能炸得脆脆的。

⑦ 用擀麵棍把魚擀成薄片。如果一次擀得太用力，肉會因此裂開，最好翻過來或者改變方向，用適當的力量推開。另外，在將魚擀成薄片的過程中，注意不要讓魚肉沾上太多粉。

Tip 澱粉的作用是防止魚肉粘在砧板和擀麵棍上，沾上最少的澱粉量炸，才能做出酥酥脆脆的炸鯛魚片。

⑨ 將沾在魚肉的粉抖掉並放在盤子上。

⑬ 將炸好的鯛魚片放在廚房紙巾上，趁熱的時候撒上細鹽。

⑭ 用鹽調味後可以直接吃，但是搭配甜辣醬或檸檬奶酪醬吃的話，味道會更豐富。

⑩ 將油加熱到160℃以上，放入準備好的魚肉。

⑪ 魚肉如果熟了，就會浮在油上，此時取出並瀝油後，放在鋪了廚房紙巾的餐盤上冷卻。

⑫ 再次放入油中炸到變成黃色，就可以吃到酥脆的炸鯛魚片。

Tip 不只炸鯛魚片，任何炸物都必須炸兩次才會更加酥脆。

CHAPTER 44

烤大蝦

在濟州島吃過海產的人都對小龍蝦（紅斑後海螯蝦）一點也不會陌生。價格便宜味道甜美，但外殼十分硬並且鋒利，很容易傷到手，在處理時必須要特別注意。現在我們來了解一下地中海式烤大蝦和如何製作。

漁夫的材料

· 小龍蝦（或其他種類大蝦）23~25尾
· 橄欖油 適當量
· 鹽 少許
· 黑胡椒 少許
· 巴西里粉 少許
※2人份（以此書照片為基準）

RECIPE

① 把小龍蝦用水沖洗後，擦乾水分。

② 在熱到冒煙的平底鍋內倒橄欖油，放入小龍蝦。

③ 將平底鍋蓋子蓋上，用最大火煮約3分鐘左右，將小龍蝦翻面。

> **Tip** 蝦子即使已經擦乾，也會有水分從體內滲出來，以致油遇水噴濺。尤其是小龍蝦，因為殼很硬，需要很長時間才能煮熟，所以最好蓋上鍋蓋。

④ 經過5分鐘之後，再次翻面。撒上鹽和黑胡椒調味，因味道都在殼上，因此鹽撒多一點沒關係。

⑤ 蓋上蓋子後關火，悶約2分鐘。

⑥ 把煮好的小龍蝦放在盤子上，撒上巴西里或羅勒粉，就完成地中海式烤小龍蝦，總烹飪時間是10分鐘。

⑦ 小龍蝦吃法也很重要，沒有想像的困難。像照片一樣抓著小龍蝦，往右邊折可以簡單地把頭剝除。接下來2、3都用一樣的方法分離。

⑧ 乾淨俐落地取出又甜又Q彈的蝦肉。

Tip 在歐洲及地中海國家，把小龍蝦評價為高級食材，廣泛被運用在各式菜餚。地中海產的稱為海螯蝦，和濟州島產的雖然不是相同品種，但外型95%相似，就像堂兄弟。地中海產的海螯蝦殼較薄，料理時間比起濟州島的小龍蝦還短。

CHAPTER 45

烤明太子

新鮮的明太子只要平底鍋裡倒入食用油煎一下就很好吃了。書中用不常見的大比目魚的大魚卵製作，但市面上隨處可見沒加工過的新鮮魚卵，就用它來製作烤明太子料理吧！

漁夫的材料

- 新鮮明太子 300g
- 鹽 少許
- 黑胡椒 少許
- 料酒（清酒）2中匙
- 橄欖油 適量
- 細香蔥 1支
- 辣椒 1條

※ 2人份

漁夫的醬料：桔醋醬油

- 醬油 4中匙
- 檸檬汁 2中匙
- 糖 1.5中匙
- 醋 1中匙
- 料酒 1/2中匙
- 水 3中匙

※ 以上材料攪拌混合，事先做好桔醋
　醬油。

RECIPE

① 新鮮明太子加入適量的料酒、鹽、黑胡椒後，靜置至15-30分鐘。

② 在平底鍋倒入橄欖油後，放入新鮮明太子，用大火將表面煎金黃色。

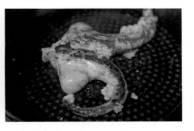

③ 將卵翻面，表面稍微煎過，轉小火讓魚卵內部慢慢熟透。

Tip

1. 煎魚卵時，如果油被吸收乾了，可以再加一些橄欖油。
2. 煎魚卵時，將做好的桔醋醬油放入鍋中加熱，等醬料煮開，火調小，加熱30秒左右。這時根據個人喜好放入切碎的辣椒，可以製作出既辣又清爽的桔醋醬油。

④ 將煎好的明太子放在盤子上，均勻澆上熱騰騰的桔醋醬油。根據喜好撒上切碎的細香蔥或放上一片檸檬。

⑤ 熱呼呼、鬆軟及香味餘韻的煎明太子。

CHAPTER 46

醬燒魚片

醬燒魚片使用鮮度較低的魚製作，做出的味道相當可口。甚麼種類的魚都可以，料理方法一點也不困難，在不知道要準備甚麼菜時，可以製作看看。書中提供了醬油醬汁魚片以及辣椒醬汁魚片兩種口味，一起來學學看。

漁夫的材料：醬油魚片

· 魚 1條
· 洋蔥（小）1/2個
· 韭菜 1把
· 辣椒 1條
· 澱粉 少許
· 芝麻鹽 少許
※2人份

漁夫的材料：辣醬魚片

· 魚 1條
· 鹽 少許
· 黑胡椒 少許
· 料酒 2中匙
· 炸粉 1杯
※ 2人份
※ 可以依照自己的口味添加少量調味料

醬燒魚片 黃金重點

① 製作醬燒魚片時，將魚切片後再煮，會比整條魚煮還能入味，並且味道也比較濃郁。
② 洋蔥和韭菜也可以依照自己的喜好，更換紅蘿蔔、甜椒、高麗菜等各種蔬菜。

漁夫的醬料：醬油醬汁

· 醬油 3中匙
· 糖 2中匙
· 水 7中匙
· 蒜末 1中匙
· 檸檬汁 1中匙
· 料酒 1中匙
· 生薑汁（或薑粉）少許
· 黑胡椒 少許

漁夫的醬料：辣醬醬汁

· 辣椒醬 2大匙
· 砂糖 1大匙
· 醬油 1中匙
· 辣椒粉 1/2中匙
· 蒜末 2中匙
· 料酒 1中匙
· 水 2中匙
· 生薑汁（或薑粉）少許
· 麻油 少許

RECIPE 醬油魚片

❸ 醬油醬汁材料全部攪拌混合，直到砂糖完全融化為止。

❶ 將魚橫剖3片。
❷ 韭菜、洋蔥、辣椒切好備用。

④ 魚肉仔細地裹上澱粉後，將多餘的粉抖掉。

⑤ 平底鍋加熱後倒油，魚肉面向下放入鍋中煎。

⑥ 煎至金黃色，翻面將魚皮面煎至金黃色。

⑦ 避免魚肉焦黑，隨時翻面直到大約熟90%時，倒入2/3醬油醬汁，煮滾後火調小。

> Tip 一般煎魚肉都會先煎魚皮，但先煎魚皮的話，魚肉會捲縮不好看，因此先煎魚肉的地方。

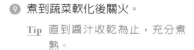

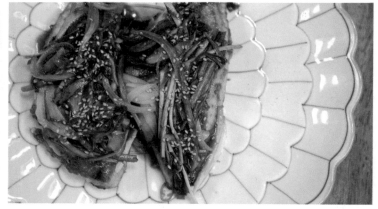

⑧ 將事先準備好的蔬菜，放入鍋中和醬汁一起煮。

⑨ 煮到蔬菜軟化後關火。

> Tip 直到醬汁收乾為止，充分煮熟。

⑩ 用夾子或筷子小心地夾起魚，盛在餐盤內。

⑪ 魚肉上放上蔬菜，然後澆上剩下的醬汁。

⑫ 最後撒上芝麻鹽，根據個人喜好也可以加幾滴芝麻油。如果想吃辣的，可以撒上辣椒粉，或者把辣椒切片放上去。

① 平底鍋內煎魚的過程與醬油醬
汁是一樣的。魚肉幾乎快熟的
時候,加入辣椒醬醬汁,兩面
都沾上醬汁之後,再慢慢煮。
將火關到最小,避免醬汁燒
焦。

> **Tip** 在辣醬醬汁內放入蒜末,蒜
> 頭如果還沒熟就吃,吃起來
> 會不舒服,所以一定要跟醬
> 料一起煮。

② 為了不讓魚肉碎掉,小心地放入
盤子裏,撒上蔥末即完成。

CHAPTER 47

鮮魚煎餅

現在就算不是大節日，鮮魚煎餅也會出現在平常的飯桌上。一般會用黃線狹鱈（明太魚）來製作，但最好的材料還是鮨仔魚和鱈魚。現在我們一起來學習做出柔軟口感的煎餅吧。

漁夫的材料

· 白色魚肉 300~400g
· 煎餅粉 1杯
· 雞蛋 1個
· 鹽 少許
· 黑胡椒 少許
· 清酒（料酒）少許
· 食用油 適量
※ 2人份

漁夫的醬料：醬油醬汁

· 醬油 2中匙
· 水 1中匙
· 醋 1中匙
· 芝麻粉
※ 醬油：水：醋以2:1:1的比例製作醋
　 醬油，也可以撒上芝麻或依照口味
　 加入檸檬汁和辣椒粉混合

鮮魚煎餅 黃金重點

① 魚肉在解凍時會出水，因此可
　 以用廚房紙巾吸除水分。
② 切成一口大小，肉厚時切成薄
　 片。
③ 魚和其他肉不一樣，魚肉很快
　 就熟了，所以就算沒有完全熟
　 也比煎得過熟好。
④ 鮮魚煎餅要醃入味，雖然可以
　 沾醬吃，但如果整體煎餅是淡
　 的，就算沾醬也不好吃，因此
　 需要將材料先醃入味。可以用
　 噴壺將鹽巴水均勻噴灑在魚肉
　 上。也可以用適量的鹽巴搓揉
　 在手上，再用手攪拌魚肉。

RECIPE

① 將魚肉攤開在砧板，將鹽和黑
　 胡椒均勻撒在魚肉上。
② 酒用噴霧器噴灑去除魚腥味。
③ 魚肉醃過後靜置15分鐘。

　 Tip 書中是用在冷凍庫放了幾
　 　　 個月、較難處理的斑紀（黑
　 　　 毛）。

④ 將魚肉裹上煎餅粉後，拍掉多
　 餘的。

⑤ 雞蛋打散，將魚肉泡入蛋液中。

⑥ 油倒入鍋中，放上魚肉。如果火太大，會讓煎餅的表面燒焦，魚肉也會變硬。為了不讓魚肉過熟並燒焦，必須用中火翻煎。

⑦ 顏色開始變黃後，將魚肉夾起放在廚房紙巾去油。

Tip 煎餅顏色不要煎得太深，只要表面變黃就可以準備起鍋。

⑧ 盤內鋪上韓國芝麻葉，再放上鮮魚煎餅就完成了。

CHAPTER 48

手工魚板糕

自製魚板不僅不受各種添加物的影響，而且比買來吃更美味，所以是只要嚐一次，就一定會再做的料理。現在開始學習用市面上常見的白色魚肉或黃線狹鱈、鱈魚做成的手工魚板料理吧！

漁夫的材料

- 魚（中等大小）3條
- 紅蘿蔔 1/3個
- 洋蔥（小）1個
- 辣椒 2條
- 雞蛋 2個
- 鹽 2中匙
- 黑胡椒 少許
- 麵粉 1 杯
- 玉米粉 1杯

※2~4人份

RECIPE

① 魚肉切成片去魚刺後備用。

② 使用乾淨的布或廚房紙巾將魚肉
的水分擦乾，接下來切碎。

③ 洋蔥、紅蘿蔔、辣椒切碎。

④ 兩個雞蛋與魚肉一起絞碎

   Tip　如果一次不好絞碎可以反覆兩三次。

⑤ 將準備好的材料放入條理盆內。

   Tip　咪道有點淡也沒關係，不要
超過鹽的基準量。魚板糕如
果味道較淡，可以用醬汁來
補足，但如果鹽放太多，就
無法調整了。

⑥ 就像做漢堡肉一樣，以手用力反覆摔打5分鐘。

Tip 摔打次數越多越好，魚麵團就越容易成形，味道也越好。

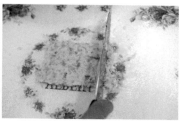

⑦ 拿出適當量，將麵團壓平後，切成四方形。

Tip 外觀可以照自己想要的形狀做成圓柱狀或丸子狀。

⑧ 鋪上半張起司片。

Tip 依照自己口味，也可以鋪上海苔或韓國芝麻葉。

⑨ 用刀子和筷子塑形。

⑩ 丸子模樣的魚板糕，可以戴上手套將麵團揉成圓形。

⑪ 麵團放入150℃的油炸。

⑫ 如果浮上油面，表示已經差不多熟了，取出之後放在濾網上濾油。

Tip 最好的炸油是葡萄籽油，也可以使用玉米油、花生油、菜籽油。

⑬ 盤子鋪上芝麻葉，放上炸好的魚板糕就完成這道料理。

CHAPTER 49

炸大蝦

很多人只要聽到炸蝦，都會覺得是耗費精神、手工很多、很麻煩的料理，實際上也真的是這樣。

家庭廚房要處理油炸後的工作，確實有不小的負擔，但也不能因此而放棄香脆油炸食品的誘惑。用養殖蝦也能做相當美味的炸蝦，現在開始我們來學學簡單乾淨的美味炸蝦料理。

漁夫的材料

- 大蝦（明蝦、白蝦）400g
- 鹽 少許
- 黑胡椒 少許
- 清酒（料酒、白酒）少許
- 麵包粉 2杯
- 炸粉 1杯
- 雞蛋 2個
- 巴西里粉 少許

※ 2~3人份

漁夫的醬料：塔塔醬

- 美乃滋 12大匙
- 切碎洋蔥 1/4個
- 切碎醃黃瓜和洋蔥比例 1:1
- 砂糖 1中匙
- 檸檬汁 1中匙
- 蔥末（或羅勒）少許

※ 製作塔塔醬時要攪拌均勻，不要感
覺到有砂糖的顆粒

RECIPE

❶ 處理好的蝦子用鹽、黑胡椒、酒
醃後靜置15分鐘。

❷ 蝦子用炸粉裹均勻，並將多餘的
粉拍掉。

❸ 蝦子充分沾滿蛋液。

❹ 裹上麵包粉後，放入乾淨的盤子
排列整齊。

❺ 備料好的炸蝦包裝好後，可以放
進冷凍庫保存，需要的時候再拿
出來炸。

❻ 醬料的材料攪拌均勻，製作塔
塔醬。

❼ 油溫加熱至170℃以上，放入蝦子炸第一次。

❽ 待蝦子冷卻再炸第二次，酥酥脆脆的炸蝦料理完成。

❿ 冷掉的炸蝦也可以做成炸蝦烏龍麵或是蝦子蓋飯。

❾ 沾上預先做好的塔塔醬，可以吃到餐廳無法相比的美味炸蝦料理。

　Tip 炸好的蝦子放越久會越軟，放入烤箱烤也能恢復原本酥脆的口感。

CHAPTER 50

煎烤遠東多線魚

雖然市面有很多遠東多線魚的料理，但大多不脫離烤或煎炸，那是因為像這種肉質軟的魚，曬乾後肉會更為緊實，但如果在不適合曬乾的環境，一般會剖開晾乾再烤來吃，現在我們一起了解遠東多線魚的料理方法。

漁夫的材料	漁夫的醬料：醬油醬料
·遠東多線魚 2條（處理好並鹽醃過） ·玉米粉 2杯 ·黑胡椒 少許 ·清酒 少許 ·食用油 適量 ※ 2~3人份 ※ 遠東多線魚處理及醃的方法和鯖魚一樣，拿掉內臟、將魚剖半後撒鹽。	·醬油 5中匙 ·檸檬汁 5中匙 ·糖 3中匙 ·食醋 3中匙 ·水 3中匙 ·蒜泥 1中匙 ·辣椒 2條

RECIPE

❶ 處理好的魚用鹽醃過備用。

❷ 兩面都裹上粉。

Tip 米粉也可以加上咖哩粉混合。

❸ 鍋內倒入一點油加熱，先從有魚皮的面開始煎。遠東多線魚的魚皮必須要酥脆才好吃，必須要煎到酥脆稍微燒焦的感覺。

Tip 放少量油是因為這道菜不是炸的，而是煎的方式。煎魚的同時如果流出水分，可以先把水分倒掉再繼續煎。

④ 皮面煎好後，翻過來煎另一面。

⑤ 把所有的調味料都攪拌均勻。

⑥ 醬料放入鍋內煮滾後轉小火慢煮。

⑦ 全部煎好的魚放入盤內，淋上醬料、撒上蔥末就完成了。

⑧ 撕開魚皮單獨品嚐時，口感酥脆，味道豐富。

⑨ 最好吃的部位就是魚肚肉。

⑩ 其實最常見的遠東多線魚煎法是不沾粉，但會在鍋內放入很多油來煎炸。

⑪ 此做法可以將魚皮發揮到最最美味口感。將泡菜放在熱騰騰的白飯，用酥脆的魚皮包起來吃，一隻魚只有兩次包魚的機會，一定不要忘記這個美味的吃法。

CHAPTER 51

炸窩斑鰶

窩斑鰶富含對身體很好的Omega3，對需要脂肪酸的成長期孩子及青少年是很好的魚肉。用營養豐富的窩斑鰶做成的炸物，是甚麼樣的口味呢？連魚骨都一起炸的原因，是不需要將魚刺去除，還能夠補充鈣質。一起來做做富含不飽脂肪酸的炸窩斑鰶吧！

漁夫的材料：主材料	漁夫的材料：炸粉漿	漁夫的醬料：咖哩美乃滋醬
· 窩斑鰶 4~5條 · 鹽 少許 · 黑胡椒 少許 · 清酒 少許 · 食用油 適量（可以將魚覆蓋的量） ※ 1~2人份	· 啤酒 1杯 · 蛋黃 1個 · 蒜末 1/2中匙 · 炸粉 7中匙 · 乾奧勒岡葉（或羅勒）1/3中匙 · 澱粉（玉米粉、馬鈴薯粉）3大匙 · 冰塊 3顆	· 美乃滋 2大匙 · 咖哩粉 1/3中匙 · 蒜末 1/3中匙 · 檸檬汁 適量 · 黑胡椒 少許

RECIPE

① 將窩斑鰶處理乾淨，撒上鹽、黑胡椒、清酒（或料理酒、白酒）。

② 靜置15分後，用廚房紙巾稍微按壓擦掉水份。

Tip 窩斑鰶水分多，擦乾可以避免炸油噴出。

③ 將炸粉材料混合製作炸粉漿。

Tip
1. 澱粉可以玉米粉、馬鈴薯粉都沒關係。
2. 加入啤酒會因為碳酸成分增加酥脆感。
3. 粉漿的溫度越低越好，可以放入冰塊降溫。

④ 將窩斑鰶均勻裹上炸粉並拍掉多餘的粉，然後均勻沾上前面調好的粉漿。

⑤ 油溫加到160℃以上，炸第一次。

⑥ 第一次炸等待冷卻的同時，製作咖哩美乃滋醬。

⑦ 魚冷卻後再炸第二次，讓表皮酥脆。

　　Tip 炸物籃鋪上一張廚房紙巾可以吸掉過多油份。

⑧ 將炸好的美味窩斑鰶放在盤內就完成了。

⑨ 沾上醬一起吃，嘴裡會散發出香濃風味，令人無法放下筷子。

　　Tip 如果輕率地把秋天的窩斑鰶放入鍋內油炸，可能會把廚房弄得一團糟。在鍋內先鋪上錫箔紙是可以有效改善的，如本道食譜的麥年作法（Meunie，法式裹上麵衣），可以保持窩斑鰶的外觀及美味。

CHAPTER 52

烤窩斑鰶

窩斑鰶的脂肪含量高,在烤時候會濺油或冒煙,甚至會因魚皮破裂而產生油爆現象,沒有想像容易。這裡用平底鍋和烤箱兩種方式來製作。

烤窩斑鰶 黃金重點

① 買魚時，可以要求魚販去除魚鱗。如果要在家裡處理，必須注意不要將魚鱗丟在水槽，必須收集起來丟到廚餘
　垃圾桶，以免造成水管堵塞。

② 在魚身上畫幾刀，才不會讓肉散出還可以讓魚油自然從魚肚內流出。

③ 以甲殼類和浮游生物為主食的窩斑鰶，內臟具豐富的油脂透進魚肉內，增加魚肉的香味，因此必須和內臟一起
　煎。

④ 煎窩斑鰶的美味包含魚頭和內臟，如果連同魚頭和內臟一起吃的話，必須購買15cm以下，如果只要吃魚肉，可
　以選擇大的窩斑鰶。

RECIPE 烤箱

❶ 將已經刮除魚鱗的窩斑鰶用流動
　水洗淨，並用刀畫出 X字。

❷ 烤架鋪一張烤盤紙，塗上油。

❸ 魚放在烤盤紙上並撒鹽。

　Tip 鹽巴的顆粒粗一點比較好，特
　　　別是在尾鰭上撒些鹽可以防止
　　　魚鰭燒焦，烤的時候也可以保
　　　持魚的形狀。

❹ 將魚放進烤箱內，在烤時要隨時
　確認鰭和頭部是否被烤焦，烤到
　外觀呈現深咖啡色為止。

① 在平底鍋鋪烤盤紙，抹上足量的油。

② 一開始用大火，等兩面差不多熟了，就把火關小，直到魚皮出現焦感。

③ 圖中右邊三隻（尾巴上沾有鹽的）是烤箱裡烤出來的，左邊三隻是平底鍋裡煎出來的。

④ 不熟悉窩斑鰶的人，吃的時候覺得刺讓人不舒服，所以要把魚烤熟。烤透了就不用顧慮魚刺，直接吃也沒有關係。

Caution 即使烤得很熟，也要注意幼兒吃到魚刺。

CHAPTER 53

英式炸魚薯條

19世紀英國工人喜歡吃的炸魚薯條，現在已經發展成深受全世界喜愛的大眾美食。炸魚薯條的主要材料是馬鈴薯和歐洲鱈魚，如果在家庭製作，就使用在市場上容易找到的比目魚和鱈魚。

漁夫的材料

- 比目魚（鱈魚）600g
- 馬鈴薯 3個
- 炸粉 2杯
- 冰啤酒 1杯
- 蛋白 2個
- 鹽 少許
- 黑胡椒 少許

※ 2人份

漁夫的醬料：塔塔醬

- 美乃滋 12大匙
- 切碎洋蔥 1/4個
- 切碎醃黃瓜和洋蔥比例 1:1
- 糖 1中匙
- 檸檬汁 1中匙
- 蔥末（或羅勒）少許

※ 製作塔塔醬時要仔細攪拌，不要感
　覺到有砂糖的顆粒

RECIPE

⑤ 從水裡取出馬鈴薯，用廚房紙巾擦乾。

① 將魚肉切成厚度1~1.5公分、長度5公分的條狀。

② 鹽和胡椒粉均勻撒在魚肉上，簡單醃過。

③ 馬鈴薯切成照片一樣的厚度並泡在水裡30分鐘，去除馬鈴薯的澱粉。

④ 這期間，在調理盆放入啤酒、蛋白，並用打蛋器攪拌製作麵衣，啤酒要盡量冰，麵衣內不可以有其他水分。

Tip

1. 要去掉馬鈴薯外層的澱粉，才能防止油炸時黏在一起。

2. 加進啤酒製作粉漿時，碳酸和低溫可以讓炸物口感更加酥脆。

⑥ 油溫加熱至180℃，放入馬鈴薯油炸，當顏色變得金黃，立即撈出。

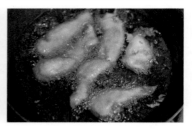

⑦ 趁馬鈴薯還熱著,撒上鹽巴就完成薯條。

⑧ 魚肉裹上粉漿。

⑨ 炸魚肉的方法跟馬鈴薯一樣,如果炸到褐色會因為餘熱讓顏色更深,因此炸到金黃色就可以趕快撈出。

⑩ 醬料的材料準備好並攪拌均,製成塔塔醬。

⑪ 漂亮地擺盤,就完成了炸魚薯條料理。

> Tip 書中照片可以看到炸物下鋪了蔬菜,但如果菜葉上含有水分,會讓炸物變軟,所以也可以用鋪了烤紙的籃子裝。

⑫ 從橫切面可以看出魚肉很濕潤。在英國,會撒上鹽和醋,我們則淋上檸檬汁來搭配。

CHAPTER 54

酥炸水針魚

韓國沿岸的水針魚產量還不少，但了解牠味道的人才會購買，大部分水針魚都出口到日本。冬天時水針魚味道特別鮮美，不論生魚片、鹽烤、韓式酥炸、壽司都非常適合。現在讓我們來了解一下，即使不熟悉水針魚的人也可以輕鬆享用的酥炸水針魚。

漁夫的材料

- ·處理好的水針魚 400~500g
- ·炸粉 1 杯
- ·鹽 少許
- ·黑胡椒 少許
- ·清酒 少許
- ·食用油 適量（可以蓋住材料的份量）

※2人份

RECIPE

 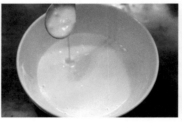 

① 水針魚撒上鹽、黑胡椒、酒，拌勻後靜置15分鐘。

　Tip 魚如果是大隻的，需要將肉分切，如果是小條的，只要把魚頭和內臟去除後，整條拿去炸。

② 炸水針魚的粉漿是最重要的。炸粉和水要充分混合均勻，拿湯匙撈起必須完全沒有粉塊。

　Tip 在調粉漿的時候，一定要使用冷水，也可以用冰塊水，或者用啤酒或雪碧倒入冰塊攪拌。

③ 將水針魚裹上粉漿。

④ 油鍋加熱約160-180℃左右。放入水針魚之前，必須把多餘的粉漿瀝掉再放入鍋中，皮才不會太厚。

　Tip 可以使用油菜籽油、葡萄籽油、玉米油，發煙點低的初榨橄欖油則不適合。

⑤ 炸第一次後，將油瀝掉放一旁冷卻後，再炸一次，可增加酥脆感。

⑥ 水針魚如果炸熟會浮上油的表面，因此在顏色變深之前要取出。

⑧ 在醬油加入海帶高湯，稀釋為適當濃度，滴入幾滴檸檬汁，即完成醬汁。

⑦ 瀝掉油份放入盤內，酥脆營養豐富的炸水針魚便完成了。

⑨ 可以連同水針魚魚骨一起炸，就像鰻魚骨一樣，可以嘗到獨特酥脆的口感。

CHAPTER 55

家庭自製煙燻鮭魚

關於喜歡或不喜歡鮭魚，過去常會因為個人口味而定，但是隨著人們口味的西化，購買的人也急劇增加。然而大多數韓國人沒有吃過真正的煙燻鮭魚，因為傳統乾鹽燻製的方式價格昂貴，也很難嘗到，而且市場上賣的大部分都沒燻好。這一章就我們來學如何在家自己製作真正的煙燻鮭魚。

漁夫的材料

- 鮮鮭魚 300~400g
- 碎木屑 3大匙
- 竹籤
- 橄欖油 適量
- 鹽 少許
- 黑胡椒 少許

※ 2人份

燻鮭魚 黃金重點

① 煙燻鮭魚使用的碎木屑，在露營專賣店或線上購物都可以買到。

② 高溫煙燻不需要用到價格昂貴的生魚片等級鮭魚，可以用在超市賣的鮭魚排或烤肉用鮭魚。解凍鮭魚的水分太多不適合使用，一定要選擇鮮鮭魚。

③ 鮭魚分為身體和腹部，不喜歡油脂的人，可以選擇身體部分。

④ 鮭魚排及烤肉用鮭魚也是有一點差異。製作燻鮭魚時，可以選擇魚皮已經剝除的鮭魚菲力。

RECIPE

❶ 最先要做的事是醃漬，魚肉兩面都塗上橄欖油。

　Tip 煙燻鮭魚分為高溫及低溫兩種方式，家庭式的很難以50℃以下的低溫長時間煙燻操作，所以本書是以高溫煙燻的方式處理。

❷ 撒上少許鹽和黑胡椒粉後，放在冰箱冷藏15-30分鐘。

　Tip 家庭製作煙燻鮭魚盡可能簡單，因此完全排除了輔料，但如果有檸檬絲或香草之類的材料，可以充分使用。

❸ 烤架上排放7-8根竹籤，並將醃好的鮭魚放在竹籤上。

　Tip 竹籤可以避免鮭魚直接碰觸烤架，相當方便。

④ 烤盤鋪上3大匙碎木屑，煙燻用的木屑主要有山核桃木和牧豆木，也可以使用蘋果木或雪松木。

⑤ 將山核桃木屑放在烤箱底部，鮭魚放在頂部。

⑥ 打開烤箱的下火，以150℃烤30分鐘。

　　Tip　烤箱的型號和功能不同，此書說明的溫度不是絕對標準。

⑦ 隱隱傳出核桃木燻香，簡單地完成煙燻鮭魚。

⑧ 可以將煙燻鮭魚做成沙拉、奶油起司貝果、煙燻鮭魚三明治等各式各樣的餐點。

CHAPTER 56

戶外自製煙燻鮭魚

在戶外製作煙燻鮭魚時，會用木柴或炭火煙燻。使用雪松木的話，可以輕鬆地讓燻鮭魚增添雪松樹香。在這一章裡，我們來做煙燻鮭魚和鮭魚三明治吧。

漁夫的材料：燻鮭魚

· 鮮鮭魚 1kg
· 雪松木
· 檸檬皮醬
· 蒔蘿 30-50g
· 檸檬 2個
※4-5人份

漁夫的醬料：檸檬皮醬

· 橄欖油 1杯
· 鹽 少許
· 黑胡椒 少許
· 檸檬皮（檸檬1-2個份量）

漁夫的材料：鮭魚三明治

· 原味貝果 4-5個
· 奶油起司 1罐
· 燻鮭魚 500-600g
· 柳橙酪梨莎莎醬

漁夫的醬料：柳橙酪梨莎莎醬

· 柳橙 2個
· 酪梨 1個
· 紫洋蔥 1/3個
· 紅椒 1/3個
· 檸檬 1個
· 橄欖油 5~6大匙
· 蜂蜜 1大匙
· 鹽 少許
· 黑胡椒 少許

RECIPE

❶ 先製作塗在鮭魚上的檸檬醬汁。
將橄欖油倒入盆內，灑入鹽、黑
胡椒簡單的調味後，放入削好的
檸檬皮。

Tip 檸檬表皮的農藥要徹底洗乾
淨，用粗鹽水刷洗乾淨後，
再用小蘇打粉洗一次，直到
表皮出現光澤適合食用的狀
態。

② 檸檬醬汁不只用在鮭魚上，還可以使用在其他的魚料理。白帶魚、烤鯖魚等都可以先塗上檸檬醬汁，不只去腥味，還可以增加香甜口感。使用完後可以冷藏保存。

③ 雪松木是原木，所以容易燒焦，為了防止燒焦，在水中浸泡1小時後再使用。

Tip 鮭魚如果比雪松木還大，必須要切小時，可以從魚肚肉切。切下來的魚肚可以做生魚片、壽司、生魚片蓋飯、沙拉。

④ 將鮭魚放在雪松木上，用做好的檸檬醬汁均勻塗在鮭魚肉兩面。

⑤ 將切薄片的檸檬和蒔蘿堆疊在鮭魚上，接下來將雪松木整個放在烤爐上。

Tip

1. 煙燻時用BBQ烤爐會很方便，如果沒有，只要有蓋子的烤爐都可以使用。

2. 炭火約燃燒70-80%，以炭火數量來調節火力。雪松木有薰香的味道，只要火力調整到適當溫度即可（可以烤地瓜或年糕，用5-7個木炭）。

⑥ 依火力決定煙燻時間，大約1-1.5小時，因為是煙燻的，如果火力較弱也不用顧及是否全熟。

Tip

1. 表面熟透但內部還保留著肉汁。

2. 雪松木板使用後，在陽光下乾燥，可以再重複使用1-2次。

⑦ 煙燻的鮭魚可以在還熱的狀態下品嘗，但如果冷著吃也可以嘗到濃郁的香味。

Tip

1. 用保鮮膜或密閉容器裝起來，可以在冰箱放3-4天。

2. 沙拉、貝果三明治、開胃菜、搭配葡萄酒或是橄欖油、義式火腿及一兩種起司搭配，也不會輸給義大利傳統開胃菜antipesto。

⑧ 製作鮭魚貝果三明治。準備柳橙酪梨莎莎醬，首先去掉酪梨皮，將果肉切成1公分正方塊。

⑨ 柳橙和洋蔥切成方便吃的大小。

⑩ 準備好的酪梨、柳橙、洋蔥都放入盆內，其他剩下的材料也一同放入攪拌。

Tip

1. 購買表皮已經黑綠色的酪梨或是已經放在室溫後熟的酪梨。

2. 柳橙雖然只需要用果粒，但如果覺得很麻煩，可以不用特別去除柳橙內的白色皮膜，直接使用也沒關係。

3. 用比較不辣的紫洋蔥，但如果只有白洋蔥，也可以先泡在冰水裡10分鐘，就可以去除辛辣感。

⑪ 將切對半的貝果放入烤箱稍微烤過，塗上奶油起司。

⑫ 煙燻鮭魚、酪梨莎莎醬依序擺上，就完成鮭魚貝果三明治。

PART 06

海鮮湯 & 飯
漁夫的黃金配方

CHAPTER 57

白帶魚清湯

在濟州島,一年十二個月都有不同魚種的旺季,因此養成了用白帶魚、方頭魚、竹筴魚煮清湯的飲食文化。現在來用新鮮的白帶魚做出任何人都可以輕鬆料理的白帶魚湯。

漁夫的材料

- ·白帶魚（中間尺寸）1條
- ·冬季大白菜 1顆
- ·南瓜 數塊
- ·白蘿蔔 1條
- ·紅辣椒 1條
- ·青辣椒 1條
- ·蒜頭 3~4瓣
- ·掏米水 1鍋
- ·韓國湯醬油 1中匙
- ·日本薄口醬油 1中匙（可省略）
- ·清酒 2中匙
- ·味噌 1匙
- ·鹽 少許
- ·黑胡椒 少許

※ 2人份

白帶魚湯 黃金重點

① 魚湯或清湯要用大火短時間滾煮，湯汁才會清澈。

② 家庭用瓦斯爐火力不足，因此魚和骨頭可以多放一些（1.5倍），增加湯的鮮味。

※ 依個人口味添加調味料。

RECIPE

❶ 切好的白帶魚用刀輕輕刮除表面的銀脂。

❷ 蔬菜切成圖中大小、白蘿蔔切塊、蒜頭切片。

　Tip 白帶魚表面的銀脂含有少許鳥嘌呤，攝取太多的話容易拉肚子。如果是新鮮的白帶魚可以直接吃，但清湯如果浮出銀脂，感覺不太好，最好還是刮除，避免孩子吃到。

❸ 為了讓湯清爽，在掏米水放入白蘿蔔、蒜頭，用大火煮約5分鐘，直到白蘿蔔半熟。

❹ 放入白帶魚和南瓜，再煮4-5分鐘。

　Tip 在做清湯（包括白帶魚湯）時，放魚的順序很重要，要注意遵守。

❺ 為了去白帶魚的腥味，會加些味噌。

⑥ 如果喜歡清爽的湯，可以選用日本薄口醬油（煮清湯時使用的醬油），但不放也沒有大問題。

⑦ 用清酒和醬料調味，然後放少許黑胡椒粉。

Tip
1. 在日本關西地區，薄口醬油用來製作蔬菜肉湯，是顏色淺但味道濃郁的醬油，可以用來調味魚板糕湯、魚肉清湯、砂鍋菜、雞蛋湯、菠菜湯。
2. 味道不夠的話，可以依照自己的口味加鹽。

⑨ 濟州島傳統的白帶魚湯完成。

Tip 湯的顏色比較渾濁的原因，是因為味噌、醬料、南瓜已經融化，想要喝清湯的人，可以不放醬油，只用鹽調味就可以了。

⑧ 最後，放入白菜、紅辣椒、青辣椒後，煮30秒熄火。

Tip 辣椒最後放的理由是湯如果太辣，會破壞湯的清爽。

CHAPTER 58

鯖魚義大利麵

對於鯖魚義大利麵最大的偏見，就是看起來腥味重，但嚐過用新鮮鯖魚料理的人就不用再擔心了。在首爾的一家名店，一盤鯖魚義大利麵售價約三萬韓元（690台幣），雖然價格高昂，但深受美食家的歡迎。讓我們來看看如何製作鯖魚義大利麵，不僅營養豐富，使用的材料也相當簡單。

漁夫的材料

- 鯖魚 1條
- 義大利麵 約200克
- 蒜片（蒜頭約 8瓣）
- 義式乾辣椒（Peperoncino）4~6個
- 小番茄 12個
- 朝鮮薊 1朵
- 橄欖油 6~8中匙
- 牛奶 適量（可以淹過鯖魚的份量）
- 鹽 少許
- 黑胡椒 少許
- 巴西里粉 少許
- 白酒（料理酒）少許

※ 2人份

鯖魚義大利麵 黃金重點

① 最好以橄欖油為基底。
② 先將鯖魚浸在牛奶裡去腥。
③ 每人4-5瓣蒜頭就足夠了。
④ 義式乾辣椒每人以2個為基準，如果喜歡辣一點，可以用到3個。
⑤ 小番茄對半切。
⑥ 義大利麵1人份約80-120g（1束麵約台幣10圓硬幣大小）。

RECIPE

❶ 將鯖魚對剖泡在牛奶約15分鐘，小番茄、蒜頭等其他材料都切成圖片的樣子。

❷ 從牛奶取出鯖魚，用鹽和黑胡椒調味。

❸ 在鍋內放入充足的橄欖油加熱，先將鯖魚有皮的地方朝下放入鍋內。

❹ 灑入兩中匙白酒，如果將平底鍋傾斜，就會著火，此過程中可以讓腥味與酒精一起揮發掉。

Tip

1. 這種烹飪法稱為Flambé，如果在家裡不方便做，可以省略。
2. 如果在平底鍋沒有加熱的情況下，就將鯖魚放上去煎，魚皮會黏鍋底，破壞形狀。如果是煎小黃魚這種皮薄的魚，最好先撒些鹽使肉變硬。可以用料理刷將醋塗在魚身上，防止魚肉散掉及魚皮黏鍋的狀態（醋的味道會因為加熱過程消失，不用擔心）。

⑤ 在大火中翻煎一兩次，等到兩面酥脆的時候，就改小火煎熟魚肉。

⑥ 煎好的鯖魚冷卻後，剔出骨頭和小刺，切成適合食用的大小。

Tip 仔細清除長肋骨附近10-13根小刺是非常重要的。

⑦ 把足夠的水倒進大湯鍋裡，放入1小匙鹽準備煮義大利麵。

⑧ 水滾後放入義大利麵。

⑨ 義大利麵要煮到彈牙（Al dente）的口感，煮的時間只要比包裝上標示的時間少1-1.5分鐘左右就可以了。

⑩ 在麵條煮好5分鐘前，可以在平底鍋煎熟大蒜。

⑪ 鍋內放入橄欖油8-10中匙（兩人份），加蒜片以中火慢慢煎。

Tip 如果火太大，蒜頭很容易燒焦必須注意。

⑫ 蒜頭煎至金黃色，再將鯖魚、小番茄、朝鮮薊放入一起煎，輕輕攪拌避免魚肉散開。

Tip
1. 小番茄炒到散發出番茄香味。
2. 依自己口味放1-2小匙濃縮雞高湯，可以增添香氣。

⑬ 麵煮熟要立刻撈出放入平底鍋，此時可以在平底鍋加入幾匙煮麵水。

⑭ 用大火炒30秒左右，味道如果不夠鹹可以再放點鹽。

⑮ 盛入盤內，灑上黑胡椒和巴西里粉，鯖魚義大利麵就完成了。

Tip
1. 當麵冷卻後，味道會變鹹，所以熱的時候味道要調淡一點。
2. 最後澆上1中匙橄欖油也很好。

CHAPTER 59

牡蠣飯

有「大海牛奶」之稱的牡蠣是一種天然的滋補強身劑，具有預防貧血、活躍腦功能、抑制膽固醇生成、防止皮膚老化等功效，可以說比綜合維他命更營養。生蠔、牡蠣湯飯、牡蠣煎餅、炸牡蠣等任何形式的料理，都不會影響牡蠣的營養，味道也不錯。這一章我們來學習美味又營養的牡蠣飯。

漁夫的材料

- 沒泡過的米 450g（約 3杯）
- 牡蠣（中型）300~350g
- 香菇（大）2朵
- 紅蘿蔔絲（小孩手大小）1把
- 白蘿蔔絲（大人的手）1大把
- 鹽 少許
- 料理酒 2中匙
- 檸檬汁 3~4
- 芝麻油 1中匙
- 海帶 2片（長寬約5公分）
- 水 500mL
※ 3人份基準

漁夫的醬料

- 濃醬油 6~7中匙
- 蒜泥 1中匙
- 辣椒末 1中匙
- 紅椒末 1中匙
- 大蔥末 2中匙
- 芝麻鹽 1大匙
- 芝麻油 1中匙
- 櫻桃酵素（或梅子汁）1/2中匙

牡蠣飯 黃金重點

① 牡蠣的尺寸有大、中、小，中等的牡蠣適合做牡蠣飯。
② 白蘿蔔只使用白色部分，長度以5公分為宜。
③ 料理酒約2中匙，如果換成燒酒，就減量一半。
④ 在大米中加入糯米或燕麥更好。
⑤ 也可以使用銀杏和栗子。

RECIPE

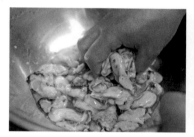

① 牡蠣放在盆內加入2-3中匙鹽，輕輕洗淨避免肉破掉。

② 以流動的水清洗2-3次。

③ 牡蠣瀝乾水分，放入碗中加入料理酒2中匙、檸檬汁2-3滴後，輕輕攪拌。

④ 香菇、紅蘿蔔、白蘿蔔切好備用。

⑤ 飯鍋裡放入等量的米和水，然後依序擺上白蘿蔔、紅蘿蔔、香菇，再加入麻油1匙。

> Tip　這裡要注意米和水的比例。450g白米用500cc水，是以壓力鍋為標準的比例，如果使用電子鍋或平底鍋，就要按照不同的比例調整。蘿蔔越多，水分越多，這時應將水量減少到平時的4/5左右。

⑧ 熄火後燜5分鐘。

> Tip 使用電鍋煮時,可以一開始就放入牡蠣或開始冒蒸氣時放入牡蠣再繼續燜。

⑥ 在未放入牡蠣的情況下,打開瓦斯用大火煮5分鐘。

⑦ 洩掉壓力鍋的汽閥,放入牡蠣,再用小火煮5分鐘。

⑨ 煮飯時,將醬料材料準備好並攪拌均製作醬汁。

⑩ 飯燜好,打開蓋子,就可以看到美味的牡蠣飯已經完成。

⑪ 小心攪拌米飯,以免牡蠣破掉。

⑫ 盛到碗裡,放上調料醬,就完成了美味的牡蠣飯。

CHAPTER 60

比目魚艾蒿湯

根據材料、煮法、調味料的不同,辣味湯和清湯味道也會有微妙的變化,如果去餐廳喝比目魚艾蒿湯,就能知道其中的差異。在網路上,也可以看到很多相似、卻又不相同的比目魚湯食譜,也有建議用鰻魚或昆布高湯等不適合的調理方式。現在我們了解一下如何正確的煮比目魚湯吧。

漁夫的材料

- 比目魚 1條
- 艾蒿 1束（約100g）
- 白蘿蔔 1條
- 蒜末 1大匙
- 鹽 少許
- 味噌 1/2中匙（選擇性）
- 辣椒 1~2個

※ 2人份

比目魚艾蒿湯 黃金重點

① 此湯最重要的一點是在清澈的比目魚湯放入艾蒿，使其香氣滲透到湯汁中。

② 即使不放調味料，也可以用比目魚的骨頭和肉製作出美味的肉湯。相反的，如果用鯷魚或海帶當高湯，味道會太強，降低清爽度，影響到艾蒿湯本身的香氣，必須多留意。

③ 這道湯通常是用蝶魚類來料理，例如赫氏高眼鰈、中國石碟等，雖然不如鮃魚味道好，但是用其他種類碟魚也不會差異太大。

④ 用深的平底鍋煮的話，受熱的面積很大，短時間內就可以煮滾。

RECIPE

① 比目魚的魚鱗和內臟去除後，切適當大小魚塊。此時不要將魚頭丟棄，可以拿來煮高湯。

② 鍋中加入適量的水，放入白蘿蔔和一點味噌煮滾。

Tip
1. 如果沒有深的平底鍋，可以使用寬的陶鍋。
2. 依照口味可以加入少量的味噌和辣椒，但味噌會加深湯汁的顏色也會影響湯的鮮味，如果不是要去腥，也可以不用加。

③ 放入切塊的比目魚用最大的火煮7-8分鐘。

Tip 煮湯的過程中，要將浮末撈掉。

④ 取出比目魚，放入切好的辣椒、蒜末、鹽調味。

Tip 取出比目魚是為了避免大火煮太久造成肉質變硬。

⑤ 加入艾蒿，讓香氣溶入湯裡，此時艾蒿的味道不會滲入魚肉，喝起來比較溫和。

⑥ 放入艾蒿，只要攪拌一下就馬上熄火。

⑦ 把艾蒿和湯汁盛到碗裡，再放上比目魚。

> Tip 如果要達到比目魚最佳鮮度，最好不加味噌，可以使湯更加清澈。

⑧ 艾蒿濃郁的香氣在嘴裡散開，這道比目魚艾蒿湯就完成了。

CHAPTER 61

鯛魚鍋飯

自古以來鯛魚就是韓國祭祀時一定會準備的魚，但料理方法卻鮮為人知。當鯛魚與日本或中國料理相遇時，就會成為醬燒鯛魚、燉鯛魚、烤鯛魚頭、糖醋鯛魚等各式各樣的料理。這一次我們要學用新鮮的鯛魚做鍋飯，現在，我們就親手來製作只有在高檔日本料理店才能看到的鯛魚鍋飯吧。

漁夫的材料

新鮮的赤鯛（或黑鯛）1條
（中型尺寸 2條）
米 600g（約 4杯）
海帶 1~2片
醬油 2中匙
清酒 4中匙
鹽 1/2中匙（平匙）
生薑粉 少許
※ 4人份

鯛魚鍋飯 黃金重點

① 這是一種營養飯，最好再放銀杏和栗子。
② 只用白米，或是混合糯米和其他雜糧也可以。
③ 用生魚片專用醬油或釀造醬油都可以。
④ 可以用活鯛魚，但熟成後味道會更好。
⑤ 熟成鯛魚時，將切好的鯛魚用乾淨抹布或廚房紙巾捲起來，放入密封
　容器中，在冰箱(1-2℃)冷藏約5-10小時。

RECIPE

1 準備處理好的鯛魚和材料。

　Tip 鯛魚皮去不去掉都可以，不剝
　　　 皮會比較好。

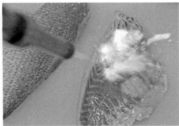

2 去除肉上的肋骨和細刺後，用
噴槍稍為炙燒表面。

　Caution 如果使用塑膠砧板，用噴
　　　 槍炙燒時可能會燒壞砧
　　　 板，需要特別注意。

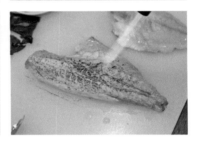

3 將魚肉翻面，另一邊也燒到脂
肪融化的樣子，會散發出濃郁
的香味。

　Tip 這種方法在日本料理稱為
　　　 「炙烤」，只烤表皮和肉，
　　　 可以降低魚腥味並帶出燒烤
　　　 的香氣。

4 米洗淨放入鍋內，加入適量的水。鯛魚鍋飯要稍硬一點才好吃，所以
得比平時減少20%左右的水量，書中使用了沒有泡過水的米。

5 將適量的醬油、清酒、鹽、薑粉拌勻，放入鍋中。此時，醬油和酒的
比例為1:2或1:3為宜。

6 將1-2片海帶用水稍微漂洗後放入水中，表面沾上的白色粉末是鮮味的
重要成分，不用擦掉。

⑦ 用噴槍烤過的鯛魚放在最上面就準備好了。

> Tip 放入鯛魚後，鯛魚的油會擴散到米飯裡。在煮的同時鯛魚油脂會被米飯吸收，成為香噴噴的鯛魚鍋飯。

⑧ 打開瓦斯煮，當湯汁開始滾時，轉小火煮12分鐘。接下來將火調到最小，再煮10分鐘。

⑨ 米飯充分吸收了水分，成為非常可口的鯛魚鍋飯。

> Tip 如果無法使用赤鯛，可以用新鮮的黑鯛或赤鯮（黃鯛）就可以做出好吃的鍋飯。但半鹹水的鱸魚和鯔魚會有泥土味。

⑩ 確認是否確實去除鯛魚背部和腹部肉上的小刺。如果沒有事先去除，一定要用鑷子挑掉。

⑪ 用木勺稍微攪拌鯛魚肉。

⑫ 營養豐富、適合補充身體能量的鯛魚鍋飯完成了。

> Tip 鯛魚鍋飯即使直接吃也很好吃，但如果配上調味醬油或甜醬油吃，味道會更好。

CHAPTER 62

鯛魚茶泡飯

在品嘗壽司時，茶有去除口中味道的功能。與料理搭配的茶，常會加入海帶和魚骨一起煮成高湯。現在開始我們來學從日本對馬島一位主廚傳授的一道美味鯛魚茶泡飯。

漁夫的材料	漁夫的高湯	鯛魚茶泡飯 黃金重點
· 鯛魚生魚片（或石斑魚、比目魚等白肉魚類） 400~500g · 濃醬油 2杯（可以將魚肉完全浸泡的量） · 料理酒（或清酒）1/3杯 · 芝麻 適量 ※ 3人份	· 魚肉處理後剩的魚頭、魚骨 · 海帶 2~3片 · 湯醬油 2中匙 · 料理酒（清酒）3中匙 · 鹽 少許	① 濃醬油和料理酒以5:1的比例調製。 ② 已經放入芝麻鹽的醬汁，加入搗碎的紫蘇備用。

RECIPE

① 把生魚片放在保鮮盒裡。

Tip 書中的赤鯛，主要使用淋過熱水、只有表皮熟的生魚片。

② 在小碗裡做醃生魚片的醬油調料（茶汁），在足以浸入魚肉的濃醬油中放入酒和芝麻鹽，充分攪拌。

Tip 濃醬油也可以用具有甜味的生魚片專用醬油取代。

③ 生魚片上倒入醬油醬料，蓋上蓋子，放入冷藏室冰3個小時熟成。

Tip 熟成時間可根據魚片的厚度和大小來調整，薄的生魚片需要1小時就夠了，厚而未切的生魚片需要3小時以上。

④ 為了做出清澈的魚湯，需先處理好魚骨，徹底去除魚鰭和血水並用冷水沖洗掉雜質。

Tip 書中沒有使用鯛魚頭，只用魚骨。

⑤ 在鍋裡倒入水，放入2-3片大小約十公分的海帶後煮滾。

⑥ 取出海帶，放入鯛魚骨用大火煮10分鐘，此時需將浮末撈起。

⑦ 倒入湯醬油，只要有顏色就好，書中是薄口醬油2中匙和清酒3中匙。

⑧ 品嘗味道後，如果覺得太淡可以用鹽調味。

Tip 海帶如果煮太久，會讓高湯產生苦味，因此大約煮4-5分鐘即可。

⑨ 將醬油熟成的鯛魚切好，放在飯上。

⑩ 倒入清澈的高湯。

⑪ 撒上芹菜、蔥、海苔、山葵，以及芝麻，就完成了。

   Tip 醬牛肉、蘿蔔鹹菜、涼拌菜等任一種小菜，都很適合搭配此料理。

⑫ 一邊攪拌一邊吃，可能吃起來不習慣，但很快就可以享受其美味。

CHAPTER 63

清燉斑魢（石斑魚）

斑魢（黑毛）或石斑魚大部分都是當生魚片吃，但當需要補充元氣時，也很適合以清燉方式料理。只要遵守新鮮的材料和烹飪順序，誰都可以輕鬆做出來，現在開始做健康美味的料理吧！

漁夫的材料

· 斑魽（或石斑魚）2條
· 豆芽菜 1把
· 蒜頭 10瓣
· 青蔥 1支
· 洋蔥（小）1/2個
· 白蘿蔔 1條
· 海帶 1把
· 金針菇 適量
· 鹽 少許
· 味噌 1/2中匙

※ 3~4人份

清燉斑魽 黃金重點

① 清燉和清湯必須用新鮮而非冷凍材料煮沸，以免產生異味。

② 再新鮮的魚湯，如果冷卻再加熱煮都會產生腥味。

③ 無論是燉還是炒，用大火煮的味道更好，但家庭使用的功率可能較差。為了彌補這個缺點，一開始應該將水倒多一點煮更久，本書中的說明是煮15分鐘，但可以的話煮30-40分鐘以上。

④ 想要用魚做高湯時，隨著食材數量的增加會變得更濃更香。如果你在一個大鍋裡煮5-6份或10人份以上，湯的味道會更深，因為加了更多魚骨。

RECIPE

❶ 將斑魽的魚鱗和內臟取出並清洗乾淨，其他材料如上圖一樣備好。

❷ 鍋內放入足量的水，用最大火煮滾。

Tip 可以用掏米水取代一般水。

❸ 煮3-4分鐘後，放入豆芽菜、大蒜、魚後，蓋上蓋子，再煮15分鐘左右。

Tip 魚頭也要一起放，湯才能熬得濃。

❹ 青蔥、洋蔥、海帶、味噌下鍋後充分攪拌。

❺ 再加入金針菇後關火，如果味道太淡，可以用鹽調整。

❻ 簡單完成對恢復元氣很有幫助的清燉斑魽魚。

CHAPTER 64

斑魛蛤蜊義大利麵

我因為節目的關係，接觸很多各式各樣的料理，海鮮與義大利麵的相遇不再陌生，鯖魚義大利麵、海膽義大利麵和魚卵義大利麵都是一些有名餐廳的菜單。只要準備新鮮的白肉魚即可，在家庭中也能夠充分的做出很有特色的義大利麵。在這一章，我們一起學著做好吃的斑魛魚義大利麵吧！

漁夫的材料

- 斑鮀魚（或其他白肉魚） 1條
- 蛤蜊 2包
- 檸檬皮 1中匙
- 檸檬汁 2中匙
- 巴西里粉 少許
- 橄欖油 8~10中匙
- 義大利麵 300g
- 黑胡椒 少許
- 鹽 少許
- 白酒 4中匙
- 蒜頭 8~10瓣
- 義大利乾辣椒 4-5個（選擇）

※ 2人份

斑鮀蛤蜊義大利麵 黃金重點

① 此料理的難度不高，但最重要的是須熟悉麵條和材料投入的正確順序。

② 需要依序經過10-12分鐘的烹煮。

RECIPE

❶ 將處理乾淨的魚肉挑去刺後，用橄欖油和巴西里粉醃過。

❷ 用粗鹽和小蘇打粉將檸檬表皮洗乾淨。

❸ 刨下檸檬皮並切絲。

❹ 大蒜切片備用。

Tip

1. 一人份的大蒜需要4-5瓣，兩人份則是8-10瓣。
2. 如果有義大利乾辣椒的話，不要去籽直接切成適當大小備用。

⑤ 平底鍋放入魚片煎熟，因為已用橄欖油醃過，煎的時候可以不用再加橄欖油。

Tip 如果想要多一點油，再加即可。

⑥ 在煎魚的同時，可以煮義大利麵。滾水加入1-2匙鹽巴，大約煮6分鐘。

Tip
1. 如果義大利麵要彈牙的口感，煮的時間只要比包裝上標示的時間少一分到一分半鐘就可以。
2. 麵煮熟後，放在篩網上瀝水避免泡軟。
3. 炒義大利麵時可以用煮麵的水，就不需再加鹽。

⑦ 魚煎熟後，切成適合食用的大小並推到鍋子一邊。

⑧ 鍋子剩餘的空間倒入橄欖油，煎大蒜。

Tip 如果有義大利乾辣椒，可以等大蒜稍微熟時放入一起炒。

⑨ 大蒜煎到黃色時，放入蛤蜊、巴西里粉和黑胡椒。

Tip 原本這道義大利麵適合用地中海產的蛤蜊（vongole），但用文蛤或其他當地盛產的蛤蜊取代也很好。

⑩ 倒入3-4中匙白葡萄酒。

Tip 灑入白葡萄酒時，如果將鍋子傾斜，就會起火，把食材的腥味燒掉，但這種Flambé的料理方法在家中比較危險，要特別注意。

⑭ 放入義大利麵大火炒2-3分鐘。

⑮ 如果想要讓麵看起來亮一點，可以加入1-2匙橄欖油翻炒。

⑪ 倒入1-2匙煮麵水，加入切好的檸檬皮。

⑫ 如果喜歡酸味的人，可以加入1-2匙檸檬汁。

⑬ 最後用鹽調味。食物還熱的時候，無法完全感受到整體鹹度，如果冷了則會變鹹，這點必須考量進去。

　　Tip　如果湯汁不夠，可以加點煮麵水。

⑯ 將義大利麵放入盤中，稍微撒些橄欖油和巴西利粉，就成為好吃的蛤蜊義大利麵。

　　Tip　用中間有凹洞的白色盤子，看起來會更美觀。

CHAPTER 65

石斑魚乾鹹湯

從寒風凜冽的晚秋到冬季，直接吃石斑魚也很好吃。但如果把它們曬乾煮成湯，就不用海帶或鰹魚來做高湯，也能煮出白色濃郁的湯汁。

在傳統市場、網路上都可以購買到風乾的石斑魚，現在我們用簡單的材料，就可以製作出好吃的石斑魚乾鹹湯。

漁夫的材料

- 曬乾的魚 1條（中等大小2條）
- 白蘿蔔 1大條
- 青辣椒 1條
- 紅辣椒 1條
- 青蔥 1段
- 洋蔥 1/2個
- 金針菇（艾蒿、芹菜）適量
- 豆腐 1/2塊
- 蒜末 1大匙
- 蝦醬 少許
- 掏米水 1鍋

※ 3-4人份

RECIPE

① 剪掉魚乾鋒利的鰭後，切成適當大小塊狀。如上圖一樣切蘿蔔、辣椒、蔥、洋蔥備用。

Tip 青蔥斜切，洋蔥切成絲。

② 在大鍋裡倒入足量的淘米水，放入魚乾、洋蔥、白蘿蔔、蒜末。

Tip
1. 在煮湯的期間，湯汁會越來越少，所以掏米水一開始量就要足夠。
2. 如果沒有掏米水，用一般生水煮也沒關係。

③ 大火煮滾10分鐘，撈掉湯上產生的泡末。

④ 味道如果不夠，可以用蝦醬調味。

Tip 魚乾已經有點鹹味，在放蝦醬前一定要先試過鹹度再加。

⑤ 放入豆腐、金針菇、辣椒，煮約2-3分鐘後關火。

⑥ 就像鱈魚乾鹹湯一樣，又香又濃的石斑魚乾鹹湯完成。

CHAPTER 66

海鮮咖哩飯

熱騰騰、散發濃郁香氣的咖哩是開胃的代表性食物。在這一章，我們來做一道既營養又美味的海鮮咖哩，書上使用的是鮃魚，也可以用其他種類的白肉魚。

漁夫的材料

- 咖哩塊或咖哩粉 5-6人份
- 白肉魚 300-400g
- 魷魚 1條（只有身體）
- 蝦子（大）6隻
- 干貝 1-2個
- 大蛤蜊 1個（或一般蛤蜊數個）
- 洋蔥（小）1顆
- 紅蘿蔔 1/3條
- 蒜泥 1中匙
- 薑泥 1茶匙
- 蘋果 1/2個
- 麵粉 2中匙
- 雞高湯 750mL（沒有鹽分的）
- 奶油 1大匙
- 橄欖油、鹽、黑胡椒 少許

※ 5~6人份

海鮮咖哩 黃金重點

① 最好使用味道濃郁的咖哩，書中使用日本s&b的Gold Curry（中辣）。

② 書上用的是鮃魚，但也可以選擇鱈魚等白肉魚。

③ 蝦子使用白蝦、大蛤、虎蝦等食材（不建議已經剝殼的蝦仁）。

④ 蝦殼不要丟棄，需收集起來。

⑤ 沒有雞高湯的話也可以用雞粉。

RECIPE

❶ 將干貝、吐好沙的大蛤、剝好殼的蝦子、魚肉、魷魚，切成便於食用的大小。撒上鹽和黑胡椒，淋上白酒，靜置10-20分鐘。

Tip
1. 蛤蜊泡入3% 鹹度的鹽水，吐沙約2小時。
2. 白酒可用料理酒、清酒替代。

❷ 洋蔥和紅蘿蔔切丁，將蘋果打成泥備用。如圖所示，咖哩、蒜泥、薑泥備好。

Tip 海鮮咖哩有8種材料要處理，雖然過程中有點麻煩，但吃起來會跟咖哩專賣店一樣相當好吃。

❸ 鍋子加入橄欖油1中匙後炒蝦子。

④ 蝦子變色後放入魷魚和干貝大略拌炒，表面變色時盡快移到盤子上備用。

　　Tip 蝦子、魷魚、干貝都不能煮太久，尤其是魷魚和干貝只要稍微炒過就可以了。

⑤ 相同的鍋子放入橄欖油稍微加熱，放入蝦殼和切好的蛤蜊肉大火快炒，炒的時候要不停地攪拌。

⑥ 蝦殼變紅色後會散發出濃郁的香味，倒入雞高湯煮滾後關火。

⑦ 平底鍋加入奶油1大匙，用中火炒蒜泥和薑泥。

⑧ 直到散發香氣後，將碎洋蔥和紅蘿蔔炒至金黃色。

⑨ 加入兩中匙麵粉，轉小火。

⑩ 持續拌炒麵粉及材料直到濃濃香氣散發出來。

⑪ 雞高湯撈出蝦殼，開火並放入咖哩塊。

⑫ 湯滾之後放入蔬菜、蘋果泥和一開始炒好的海鮮類，並用小火慢慢煮滾。

Tip

1. 這步驟材料可能會黏鍋，需不斷繼續攪拌。

2. 煮約2-3分鐘就足夠，最多不要超過5分鐘。

⑬ 嘗鹹味，如果不夠再加鹽調整。

Tip 因為材料有醃製過，還有用蝦殼煮的雞高湯，味道應該不會太淡。

⑭ 將海鮮咖哩放入白飯中就完成了。

PART 07

海鮮涼拌菜和 & 醬煮
漁夫的黃金配方

CHAPTER 67

韓式醋拌秋刀魚乾

秋刀魚乾（Gwamegi）是韓國慶尚北道特產，以冬天的秋刀魚或鯡魚去骨、去皮後，經過反覆冷凍、解凍及10天以上風乾製成。但因為供不應求，現在大多只風乾4-5天左右就在市場販售了；這種快速風乾的秋刀魚乾會產生腥味而且口感不佳，消費者對其好壞評價不一。在這一章我們學習如何將這種特產做成酸酸甜甜的涼拌小菜。

漁夫的材料

- 秋刀魚 8條（16片）
- 洋蔥 1 個
- 蔥 2-3 支
- 小黃瓜 2條
- 紅蘿蔔 1/4條
- 韓國芝麻葉 15片
- 紅辣椒 1條
- 青辣椒 2-3條

※ 3-4人份

漁夫的醬料：醋辣椒醬A

- 辣椒醬 4大匙
- 醋 4中匙
- 糖 1中匙
- 蜂蜜 2中匙
- 梅汁 1中匙
- 鹽 1-2茶匙
- 芝麻油 2-3中匙
- 芝麻鹽 1中匙

漁夫的醬料：醋辣椒醬B

- 辣椒醬 5中匙
- 辣椒粉 3中匙
- 醋 4中匙
- 蒜泥 1/2中匙
- 糖 2中匙
- 梅汁 2中匙
- 洋蔥泥 1/2個
- 麻油 2-3中匙
- 芝麻鹽 1中匙

RECIPE

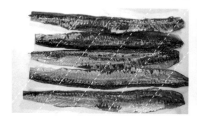

① 如圖斜切秋刀魚備用。

② 芝麻葉切成三等份，洋蔥和紅蘿蔔切絲，小黃瓜切薄片，辣椒切半去籽、再剖一半後切絲。將所有洗過、切好的蔬菜放在大盆內。

③ 醬料的材料準備好，攪拌均製作醋辣椒醬，材料中的芝麻油、芝麻鹽還不需要添加。

Tip
1. 此書使用的醋辣椒醬醬A的配方。
2. 將醬汁用保鮮膜包起並放入冰箱約1-2小時熟成會更香。

④ 在蔬菜盆內放入醋辣椒醬，攪拌均勻，再放入麻油2-3中匙。

Tip
1. 可依照自己喜好在這個階段放入秋刀魚攪拌。
2. 如果直接使用鹹的芝麻油，味道會更好。

⑤ 在寬的盤子擺上秋刀魚，中間再放醋拌涼菜。

　Tip　如果秋刀魚模樣不好看，可以用醋拌菜遮蓋。

⑦ 這道涼拌菜用生菜葉、昆布、海苔包起來吃特別美味。

⑥ 最後撒上芝麻鹽，這樣美味的醋拌秋刀魚就完成了。

　Tip　書中的材料是兩人份。

CHAPTER 68

辣拌大麥黃花魚乾

大麥黃花魚乾必須在海風風乾3-4個月後，與大麥一起存放發酵製成。由於風乾期長，魚的體積大為減少，成分被濃縮，散發醇厚的香味。這一章讓我們一起做一道能喚醒食慾的辣拌大麥黃花魚乾。

漁夫的材料

· 大麥黃花魚乾 4-5條
· 清酒 3中匙
※ 3人份

漁夫的醬料：調味醬

· 辣椒醬 1大匙
· 蒜頭 1中匙
· 蔥末 5中匙
· 料理酒 1中匙
· 梅汁 1中匙
· 芝麻油 1中匙
· 芝麻鹽 適量

RECIPE

① 大麥黃花魚乾就像鱈魚乾一樣硬梆梆的，因此至少要在掏米水內泡3個小時以上讓它變軟。

② 蒸鍋中放入適量的水和清酒3中匙，然後在蒸盤鋪上蒸籠紙（或是棉布）並放上大麥黃花魚乾。

③ 蓋上鍋蓋蒸約25-30分鐘。

Tip 市面上常看到只有短時間風乾1個小時左右，然後放在冷藏庫製作的。雖然不像大麥黃花魚乾有濃郁的香味，但因為產量和效率都高，仍受市場的喜愛。

④ 將蒸好的魚肉撕開。必須要趁熱處理，但剛蒸出來的大麥黃花魚乾很燙，所以建議戴棉手套加上塑膠手套處理。

⑤ 處理好的大麥黃花魚乾本身就是很好的配菜。綠茶泡飯再加上一片魚乾，就成了有名的綠茶大麥黃花魚乾泡飯。

⑥ 鍋內放入所有調味醬材料。

⑦ 加入黃花魚乾簡單攪拌，即可完成這道辣拌大麥黃花魚乾。

⑧ 拌好的涼拌菜可以直接吃，但如果醃漬一天後會更好吃。

Tip 大麥黃花魚乾也可以用鱈魚乾替代，料理時可以不用放油，只要稍微炒過就可以使用了。

CHAPTER 69

醬煮鮮魚

說到醬煮鮮魚,就會想到燉煮鯖魚和白帶魚用的辣醬,如果是用甜一點的醬汁,鰆魚、鰤魚、秋刀魚、鰹魚、三線磯鱸(黃雞仔)等各種魚也都很適合,而不同年齡層都會有各自喜歡的口味。這一章我們來學習日式醬煮鮮魚的做法吧。

漁夫的材料

- 鮮魚（大）1條
- 魚卵 適量
- 白蘿蔔 4塊
- 紅蘿蔔 少許
- 蓮藕 4塊
- 蒜頭 3瓣
- 辣椒 2條
- 蔥 1支
- ※ 2-3人份

漁夫的醬料：燉煮醬汁

- 濃醬油 1 杯
- 料理酒 4杯
- 砂糖 1/2杯
- 海帶高湯 3杯
- 蜂蜜 少許

RECIPE

1. 魚頭、內臟、鰭全部去除後，切成適當大小魚塊。

2. 將卵或精巢去除後，用流動的水洗淨，瀝乾水分。

3. 白蘿蔔、紅蘿蔔、蓮藕、大蔥切好，蒜頭和辣椒也準備好備用。

   Tip 書中使用的是三線磯鱸，一加熱其肉質會像河豚一樣硬，比較適合醬油醬煮。

4. 除了蔥和辣椒之外，所有的材料都放入鍋裡。

   Tip 醬煮魚用又寬又深的鍋子比較適合。

5. 醬汁的材料準備好並攪拌均勻。

6. 醬汁倒入鍋中，用最大火煮滾。

   Tip 可以蓋上一張鋁箔紙避免湯汁溢出。

7. 魚煮熟後，放入蔥和辣椒，轉小火將湯汁熬到剩一半，鮮魚醬煮最重要的就是要充分燉煮。

8. 將魚、菜夾到盤子上，再倒入適量湯汁。

   Tip 也可以依照自己的口味加入紫蘇。

CHAPTER 70

石斑魚醬煮黃豆

大部分的鮮魚料理不外乎烤、蒸、煮、燉、炸（煎）五種烹飪方法，其中，家庭最喜歡的就是醬煮的方式。每個家庭、地區都有不同的燉煮鮮魚方法，本章則是介紹濟州島的傳統燉魚作法。

漁夫的材料

- 石斑魚 1公斤（大的1條或小的 2條）
- 馬鈴薯 4小顆
- 洋蔥 2/3個
- 辣椒 1條
- 泡好的黃豆 1把
- 辣椒粉 2中匙（選擇）
- 水 2杯
※ 2-3人份

漁夫的醬料：調味醬

- 辣椒粉 5中匙
- 大辣辣椒粉 1中匙（可換一般 辣椒粉）
- 濃醬油 1/2杯
- 砂糖 3中匙
- 料理酒 5中匙（燒酒爲2中匙）
- 蒜末 1大匙
- 味噌 1茶匙
- 麥芽糖 2中匙
- 黑胡椒粉 少許
- 薑粉或薑汁 少許
※ 依照自己口味少量添加調味料，日 本餐廳則會再加1大匙以上牛肉粉

石斑魚醬煮黃豆 黃金重點

① 在市場上銷售的石斑魚一般在 30公分以下、不超過700克， 因此使用400-500克的魚需要2 條比較適當。

② 鮮魚醬煮通常會放白蘿蔔，但 石斑魚則是適合馬鈴薯。馬鈴 薯和黃豆適合的調味醬燉煮熟 透後，配上白米飯，就是最美 味的配菜了。

③ 黃豆比較硬，因此需要提前泡 1個小時。

④ 濟州島傳統鮮魚醬煮一定要加 上青蒜，如果買得到一定要加 下去煮。

RECIPE

❶ 醬料的材料準備好並攪拌均勻， 用保鮮膜包起放在冰箱1個小 時。

❷ 馬鈴薯切片後放入陶鍋內，鋪滿 鍋底。

❸ 石斑魚切成方便食用的塊狀，與 洋蔥、辣椒一起放入鍋中。

❹ 最後放入調味料和泡好的黃 豆、以及2杯生水。

> Tip 因爲不放蘿蔔，所以會比其 他醬煮的水放的還多。

⑤ 用大火煮，等到湯汁煮滾將火調小慢慢燉，加入切好的辣椒。

⑥ 用筷子戳鍋底的馬鈴薯，確定以已經完全熟透後關火。

Tip

1. 放辣椒粉2中匙（個人選擇）可以提升醬煮的顏色。

2. 烹煮時最好將魚翻面，如果不好翻也要用醬汁反覆淋在魚上頭，確保入味。

⑦ 有「白飯小偷之稱」的濟州島石斑魚醬煮黃豆完成。

⑧ 石斑魚不僅魚頭相當美味，而且肉厚味鮮美。

CHAPTER 71

醋拌小章魚蛤蜊

只要有一道好好製作的主菜,就不需要其他配菜了。小章魚、蛤蜊、芹菜、茼蒿,再加上酸甜味道,現在我們把這些食材拌在一起,一道富含海鮮嚼勁、蔬菜清香,又能喚醒你味蕾的涼拌菜。

漁夫的材料	漁夫的醬料：調味醬料
· 小章魚 500g	· 辣椒醬 5中匙
· 蛤蜊肉 150g	· 辣椒粉 2中匙
· 小黃瓜 1條	· 蒜末 1中匙
· 洋蔥 1/2個	· 糖 3中匙
· 辣椒 1條	· 梅子汁 2中匙
· 蔥末 少許	· 醋 6-7中匙
· 茼蒿和芹菜 適量	· 芝麻油 1中匙
※ 3-4人份	· 芝麻鹽 適量

RECIPE

① 鍋內放入適量的水及鹽。

② 水滾後放入處理好的章魚和蛤蜊。

③ 當水再度滾起，此時會出現白色泡泡，確認章魚已經變成紅色後關火，快速撈起瀝乾。

　Tip 章魚和蛤蜊如果變色就要馬上撈起來口感才會好。如果放到水大滾，可能已經過老了。

④ 把煮熟的章魚和蛤蜊放入網篩，用冷水沖洗。

　Tip 這樣章魚和蛤蜊吃起來才有彈性。

⑤ 將小章魚肉切成適口大小。

⑥ 蔬菜切成適口大小。

⑦ 所有調味材料都混合均勻，用保鮮膜包起來放在冷藏1個小時熟成。

　Tip 現在還不能放麻油及芝麻鹽。

⑨ 輕輕攪拌就可以。

⑧ 條理盆放入蔬菜、章魚和蛤蜊，再拌入醬料及芝麻油。

⑪ 不同產地的小章魚價格差異相當大，但這道料理就不會感受到不同的口感。

　　Tip 使用當季的小章魚，味道會更好。

⑩ 擺盤、灑上芝麻鹽，這道涼拌菜就完成了。

CHAPTER 72

辣炒小章魚

在做料理時，會用火炙燒的方式有幾種：有用中華炒鍋讓材料接近火源，有用熱炒專用油，還有用噴槍直接燃燒食材。本章是使用噴槍來炙燒，會比餐廳還好吃的辣炒小章魚。

漁夫的材料

- 小章魚 300-400g
- 洋蔥 1/2個
- 白菜 1把
- 辣椒 2條
- 青蔥 2支
- 麻油 1中匙
- 芝麻 1大匙

※ 2人份

漁夫的醬料：熱炒醬料

- 辣椒粉 3大匙
- 辣椒醬 1大匙
- 蒜末 1大匙
- 濃醬油 1中匙
- 糖 1大匙
- 梅汁 1中匙
- 料酒 2中匙
- 薑末 1茶匙
- 黑胡椒 少許

RECIPE

① 水中加入料酒1中匙後開火。

② 水滾後放入處理好的小章魚。

③ 當水再次滾開，立刻關火並撈出小章魚。

④ 小章魚放在網篩上用冷水沖洗。

⑤ 將小章魚及全部醬料放入調理盆內攪拌均勻。

⑥ 包覆保鮮膜，放入冰箱2-3小時，一來可以去除醬料的酸度，也可以讓味道更順口。

⑧ 鍋內倒入油，下蔥末，以中小火一直拌炒，炒成金黃色。注意如果動作不夠快，蔥會瞬間燒焦。

<u>Tip</u> 書中使用1/2杯的油。

⑨ 蔥變金黃色後，放入白菜和洋蔥稍微拌炒，馬上放入醬料拌好的小章魚。

<u>Tip</u> 料理前30分鐘將小章魚從冰箱取出。

⑦ 所有蔬菜切成如上圖一樣。青蔥一支斜切，另一支切末準備做蔥油。

⑩ 如果有威士忌或白蘭地，不妨試試Flambé（用高度數酒精點燃材料的方法）。將平底鍋傾斜，然後用1-2中匙威士忌或白蘭地從平底鍋的邊緣灑到中間。

<u>Tip</u>
1. 在噴灑酒精的瞬間，火焰會上升，要格外注意安全。
2. Flambé是將腥味、異味與酒精一起揮發的方法，如果海鮮新鮮，可以省去此方法。

⓫ 放入斜切大蔥、辣椒、麻油一起
混合拌炒後關火。

Tip 可以依照自己的口味，添加少
　　量香料。

⓬ 現在可以用噴槍增添食材的炙燒
味，以適度的火力噴在小章魚及
蔬菜上。

Tip 噴槍的火力如果太強，會讓食
　　材瞬間燒焦，必須注意。

⓭ 將小章魚裝盤，撒上芝麻，比餐
廳還好吃的辣炒小章魚就完成
了。

PART 08

清蒸海鮮 & 湯
漁夫的黃金食譜

CHAPTER 73

黑鯛清湯

切生魚片留下的魚骨等食材,可以再利用的最具代表性料理就是辣湯和清湯。用於清湯的主食材要比辣味湯更嚴格,因為清湯不需要各種香料和調味料,而是要把新鮮的獨特味道和香氣融入湯中。這一章就用黑鯛來煮熱門的清湯料理。

漁夫的材料

- 黑鯛魚骨（含魚頭）
- 白蘿蔔 1/3條
- 辣椒 1條
- 蒜片 6-7瓣
- 青蔥 1支
- 芹菜 1把
- 鹽 少許
- 清酒 4中匙
- 淘米水

※ 2-3人份

黑鯛清湯 黃金重點

① 如果主食材要保存3-4天之內，最好放在泡菜冰箱，如果超過這個天數，一開始就要放在冷凍庫。

② 魚熟成2-3天或更久，味道會變得很好，但必須是在活魚狀態立刻宰殺的魚。

③ 不論用活魚還是熟成魚都沒關係，但如果是熟成魚就必須把鰓和鰭去掉才能避免腥味。

④ 參考以下4個小秘訣可以使湯變得更白。
- 多放魚頭
- 大火煮25分鐘以上。
- 使用導熱效果高的鍋子。
- 活用淘米水

RECIPE

1 用剪刀把黑鯛的鰭去掉。

　　Tip 如果鰭太硬，就有可能傷到剪刀，所以最好是用刀子。

2 鍋中加入適量的淘米水和蘿蔔，煮滾。

3 水滾後，放入魚骨，用大火煮20分鐘。放入去籽的辣椒，改小火，再煮5-10分鐘。

4 最後加鹽調味，再放入芹菜煮30秒熄火。

Tip
1. 不想要微辣，可以不放辣椒。
2. 煮超過25分鐘以上，湯就會減少，因此最好先倒足淘米水。
3. 可以蓋上鍋蓋煮，但要先撈掉泡沫。

5 隨時都能喝的黑鯛清湯簡單完成。

6 在熬清湯的時候，要把浮沫撈起，但油要留下來。魚的脂肪與紅肉的脂肪不同，含有對人體有益的不飽和脂肪酸。油的顆粒越小，脂肪的質量越好。

243

CHAPTER 74

清蒸比目魚

蒸魚的時候雖然會加調味料,但魚本身的新鮮度更重要,因為這道菜就是要你享受魚的天然原味。在白肉魚中,鯛魚、比目魚、鱈魚都適合拿來清蒸。這一章我們就用比目魚來學做中式的清蒸魚。

漁夫的材料

· 比目魚（中）1條
· 青蔥 4支
· 青辣椒 1條
· 紅辣椒 數條
· 大蒜 4-5瓣
· 鹽 少許
· 黑胡椒 少許
· 清酒 2中匙
· 油 1/3杯
※ 2-3人份

漁夫的醬料：蒸魚調味醬

· 醬油 5大匙
· 料酒（清酒）2大匙
· 糖 1中匙
· 水 1中匙
· 薑末（生薑粉）1/2茶匙（如果沒有可省略）

RECIPE

1 青蔥2支切絲，另2支切段。

2 蒜瓣切薄片，辣椒斜切。

3 所有醬料的材料攪拌均勻。

4 比目魚取下內臟，用剪刀把鰭剪斷，在背上劃4-5刀。塗上鹽、胡椒、清酒，醃15分鐘。

   Tip 魚眼須清澈透明，手壓感覺肉質較硬才是新鮮的魚。

5 在蒸鍋放2-3杯的水和清酒1中匙。蒸盤鋪上切好的蔥段，再放比目魚。

6 蓋上鍋蓋，水滾後15分鐘關火。

   Tip 避免滾水濺出，水不要放太滿。

7 在蒸魚的同時，準備調味醬。鍋中醬料煮滾後改最小火再煮1-2分鐘，要持續攪拌避免燒焦。

⑧ 在平底鍋裡放油和蒜片，煎至微微變黃。

⑨ 15分鐘後，關蒸籠裡的火，打開蓋子。

⑩ 用夾子把蔥和魚移到盤子裡，然後鋪上蔥絲和辣椒絲。

⑪ 淋上煮好的蒸魚醬。

⑫ 最後加入蒜片和蒜油，就完成這道中式清蒸比目魚。

　　Tip 蒜油不要提前做好，最好在魚蒸熟的同時，以滾沸的狀態淋在魚上。

⑬ 肥厚的魚肉浸潤在醬汁和蒜油裡，你可以享受到鹹淡適中以及入口即化的清蒸比目魚。

CHAPTER 75

辣味鳥蛤

鳥蛤淋醬是韓國人很熟悉的一道配飯菜，市場上充斥著中國產的鳥蛤，雖然味道比不上韓國產的，但如果吃到這種融合大海鹹味和芝麻油香氣的鳥蛤，任誰都會吃光一碗飯。這一章我們學習如何製作鳥蛤搭配兩種醬料。

漁夫的材料	漁夫的醬料：醬料 A	漁夫的醬料：醬料 B
· 鳥蛤 800g-1kg	· 濃醬油 4中匙	· 濃醬油 4中匙
· 濃醬油 1中匙	· 辣椒粉 1中匙	· 辣椒粉 2大匙
· 煮鳥蛤的水（自來水、瓶裝水）	· 料酒 2中匙	· 梅子汁 2中匙
※ 2人份	· 蒜末 1中匙	· 蒜末 2中匙
	· 蔥末 1大匙	· 芝麻油 1大匙
	· 芝麻油 1中匙	· 料酒 2中匙
	· 梅子汁 1中匙	· 燒酒 1中匙
	· 蜂蜜 1中匙	· 芝麻鹽 1大匙
	· 辣椒末 1中匙	· 青辣椒末1條
	· 芝麻鹽 1中匙	· 紅辣椒末 1條
		· 切碎洋蔥 1/4個
		· 蔥末 2大匙

辣味蒸鳥蛤 黃金重點

① 鳥蛤生長在泥灘，經過洗滌後運送，泥沙沒有想像的多。但還是可能有雜質，所以要清洗乾淨。

② 顆粒飽滿的鳥蛤由於含泥沙的空間較少，無須另外進行吐沙，如果還是不放心，就用23章學過的方法開蛤。

RECIPE

 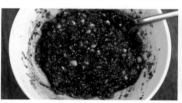 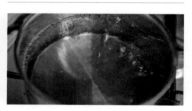

① 分別混合製成兩種醬料。醬料A是我的食譜，醬料B是網路上流行的黃金食譜。

② 鍋中加水煮滾後放入1中匙酒。

Tip 每種醬料使用800g-1kg的鳥蛤。

○ 醬料A　　　○ 醬料B

③ 水開時加入鳥蛤，向一個方向繼續攪拌。

④ 如果想多煮熟一點（有一兩個開口），可以關火後放置1分鐘。

Tip 包括鳥蛤在內的所有貝類和軟體動物（烏賊，章魚等）都是在全熟時開始堅硬的。特別是蛤蜊，因為肉質鮮嫩，所以比我們想像熟得快，所以當其中一兩個開口時，應立即關火，放1分鐘後再打開。

⑤ 打開鳥蛤，去掉另一面沒肉的殼。

⑥ 如果殼沒有開（不是死亡）可以用湯匙以槓桿原裡打開。

⑦ 放上準備好的醬料 A，醬如果太多會太鹹，因此用茶匙適量擺上。

⑧ 這是醬料B與鳥蛤，煮的時間剛好會維持如此飽滿狀態。

CHAPTER 76

清蒸花蟹

4-6月是母花蟹肉最飽滿的時期，10-12月則是公花蟹的季節，每年6月和10-11月是吃活蟹的最佳時期。這一章我們來了解在家簡單蒸螃蟹的方法。

蒸花蟹 黃金重點

① 在韓國，越是接近禁漁期開始的6月20日，花蟹的行情就越低，這段時間很難品嚐到活花蟹。因此，從6月上旬到20日是購買活花蟹的最佳時期。如果錯過，到8月20日之前都很難吃到，之後因為蟹不肥、肉也不紮實，就要等到9月之後。

② 在值得信賴的購物中心訂購花蟹固然方便，但到水產市場則可以親自挑選到更大的。

③ 1公斤花蟹的量根據大小有2-5隻左右，蒸螃蟹最好選大的。

④ 在煮花蟹（松葉蟹、帝王蟹也一樣）的時候，有人會放入沸水中煮。但如果你這樣做，你就會失去花蟹的滋味，應該要用蒸的。

RECIPE

① 將花蟹在水中浸泡15-20分鐘，使其昏迷。

② 當螃蟹昏迷，在流動的水下用刷子刷洗乾淨。

    Tip 如果把活蟹直接放進蒸籠，可能會因掙扎而流出蟹膏，因此先讓牠昏迷比較好。

③ 鍋子放入少量的水，螃蟹腹部朝上放。

    Tip 為了去腥，將清酒（或燒酒）1大匙和味噌1大匙混合在水裡也是很好的方法，但如果是活蟹，可以不必加。

④ 蓋上鍋蓋蒸15-20分鐘，此時要注意不要讓水溢出。

⑤ 熄火後燜約5分鐘，就完成了。

⑥ 打開蟹殼，平放避免蟹膏流出，用剪刀剪成適合食用的大小後擺到盤子上。

    Tip 剛蒸的花蟹很燙，最好在棉手套外再套上塑膠手套。

⑦ 在有蟹膏或蟹黃的蟹殼裡放上香油拌飯，然後撒上芝麻，就可以吃到蟹殼拌飯的滋味。

CHAPTER 77

花蟹湯

在螃蟹料理中，最容易做的就是蒸蟹和蟹湯，只要材料新鮮，就不用擔心腥味，而且在烹飪過程中也沒有失敗的理由。這一章我們來學習一下傳統花蟹湯的製作方法，它的湯汁清淡爽口。

漁夫的材料

· 花蟹（大）2隻
· 鰻魚昆布高湯 適量
· 味噌 1-2大匙
· 切片白蘿蔔 2條份量
· 櫛瓜 1/3條
· 洋蔥 1/4個
· 青辣椒 1條
· 紅辣椒 數條
· 青蔥 2支
· 豆腐 1/2塊
· 黑胡椒 少許
· 鹽 少許
※ 3-4人份

漁夫的醬料：調味醬

· 辣椒粉 3大匙
· 湯醬油 2中匙
· 蒜末 1大匙
· 薑末 1茶匙（沒有可省略）
· 清酒 2中匙
· 水 2中匙

花蟹湯 黃金重點

① 此花蟹湯與流行的黃金配方不同，不加辣椒醬。
② 如果不是用活花蟹，可以用剛死亡花蟹或冷凍花蟹。
③ 鰻魚高湯可用淘米水代替。
④ 依照湯的量味噌從1大匙可調整到2大匙。
⑤ 放過多的洋蔥會使湯的甜味變濃，可以少放或省略。
⑥ 辣椒和青蔥切片，蔥可以稍微切大一點。
⑦ 櫛瓜切成扇形，豆腐稍寬，蘿蔔切薄一點，湯才會煮得快。

RECIPE

① 處理花蟹時避免蟹黃或蟹膏流出。醬料則如上圖一樣準備好。

② 材料準備好後，製作昆布鰻魚高湯，最重要的是要清爽。在平底鍋裡倒入足夠的水（可以浸泡2隻螃蟹的量）。

③ 水燒開後放入切好的白蘿蔔，大約大人的手抓兩把的份量，並將水煮滾。

④ 蘿蔔高湯煮滾後放入適量的鰻魚和昆布，慢火煮沸7-8分鐘，這時最好打開鍋蓋。

⑤ 高湯煮好後取出鰻魚和昆布，然後放入花蟹、味噌醬、櫛瓜、洋蔥、豆腐以及事先準備好的調味醬。

⑥ 湯滾時，用湯匙將浮沫撈掉。

⑦ 最後放入辣椒和青蔥，湯滾後，改小火再煮2-3分鐘，撒一點胡椒後熄火。

⑧ 香辣清爽的花蟹湯完成。

　Tip 如果味噌太少有點淡，可以再加一點鹽調味。

CHAPTER 78

酒蒸鯛魚

大部分人認為做蒸魚料理從準備到收尾都
會很麻煩。如果是招待客人,還可以試
試,但是在平日準備蒸魚會覺得很辛苦。
不過料理的方法如果稍微改變,也可以用

很簡單的方法做出很棒的蒸魚。
這一章讓我們來了解如何用微波爐簡單地
製作乾淨、好吃的蒸魚。

漁夫的材料

- 鯛魚（中）1條
- 清酒 3中匙
- 日本九州甜醬油（濃醬油）4中匙
- 青蔥 2支
- 薑 1片
- 切碎酸泡菜 1把
- 蒜末 6-8瓣
- 青江菜 適量（能把容器蓋滿）
- 油 1/2杯

※ 2-3人份

酒蒸鯛魚 黃金重點

① 用赤鯨、比目魚、鱈魚、鱸魚等其他肥厚的白肉魚可代替鯛魚。

② 做海鮮料理時，最重要是將任何角度的魚鱗刮乾淨。尤其是入刀的腹部、背鰭、側鰭附近、頸、尾巴、頭部（頭頂和臉頰）更應仔細刮除。鯛魚的鱗片比較硬，用刮鱗器比用刀更好。

③ 魚肉的雜質會影響清湯、蒸魚的口感，因此要用鐵刷、刀、鑷子等清除乾淨。

④ 為了魚表面的乾淨以及避免腥味，必須去除魚鰭。

⑤ 如果使用微波爐蒸魚，肉汁會聚集在容器中，成為醬汁的一部份。因為覆蓋了保鮮膜，不用擔心魚腥味跑出來。

RECIPE

1 將蔥白切成末，蔥綠切成3-4公分大小。酸泡菜洗淨切碎後，將青江菜、薑、蒜、鯛魚如上圖準備。

2 在微波爐容器底部鋪上蔥綠部分，再放上鯛魚。

3 在身體的劃刀處塞入薑片、放蔥、均勻淋上三中匙清酒。包覆保鮮膜，微波爐設定6分鐘。

Tip 微波爐設定時間依機器性能會有點不同。

4 在微波爐運轉時，將1/2杯油倒入平底鍋中，用中火加熱，放入蒜片煎一下。

Tip 蒜片在要變黃時要趕快撈出來，如果太慢，油的餘溫會使其燒焦。

⑤ 6分鐘後魚應該已經半熟，再均勻倒入4中匙醬油。

⑥ 將洗好的青江菜放上去，微波爐再設定3分鐘。

Tip 基本微波時間為6+3=9分鐘，但根據魚的大小和厚度不同，需要不同的時間。小魚可以減少時間，大魚則增加。

⑦ 微波3分鐘後，將青菜取出放在盤子的一側，小心移動鯛魚，以免肉破碎。

⑧ 魚上面鋪上切好的酸泡菜，再放切好的蔥白。

Tip 酸泡菜的味道很重，避免搶過主角魚肉，一定要在水中洗淨後使用。

⑨ 微波蒸過剩下的醬汁（清酒+醬油+鯛魚肉汁）均勻地淋在魚肉上。

⑩ 最後放上蒜片，再淋沸騰的蒜油。青菜放越多越好，淋油會變得油亮。

⑪ 用微波爐做的簡易版中式蒸鯛魚完成了。酸辣泡菜的清脆口感，加上蒜油和青蔥的香味，讓我們享用這道味道香醇的酒蒸鯛魚。

CHAPTER 79

韓式五色蒸鯛魚

自古以來據說五色蒸鯛魚就是拿來招待貴賓用的。這道料理每個人都有不同的作法，但關鍵是一定要保持材料的新鮮度。

這一章讓我們學習一下用韓食風格的五色清蒸鯛魚。

漁夫的材料：主材料	漁夫的材料：裝飾	漁夫的醬料：調味醬
·鯛魚（中）1條 ·鹽 少許 ·黑胡椒 少許 ·料酒（清酒）適量 ※ 2人份	·紅椒 1/2個 ·紅蘿蔔 1/3條 ·青蔥 1 支 ·雞蛋絲（雞蛋2個）	·醬油 1/3杯 ·檸檬汁和醋1:1混合 1/3杯 ·料酒 1/4杯 ·水 1.3杯 ·薑汁（薑粉）少許 ·黑胡椒 少許 ·勾芡粉水 少許 ·梅子汁 1/4杯 ·蒜末（選擇）

RECIPE

④ 處理好的鯛魚兩面都劃刀。

① 處理鯛魚，去鱗、去鰓和內臟。

② 用流動的水清洗內臟血合的部位。

③ 鰭有腥味也要用剪刀剪掉。為了保持形狀，尾鰭保留。

    Tip 鯛魚屬於鱸形目鯛科，市場上銷售的大部分是赤鯛。

⑤ 均勻撒上鹽、胡椒、酒調味，最好使用細鹽和胡椒粉。

⑥ 在室溫放置15分鐘。

    Tip 如果不使用料酒或清酒，而使用燒酒，酒量必須減少一半。

⑦ 裝飾用的紅椒、青蔥、紅蘿蔔和蛋絲如上圖一樣準備好。蛋絲是蛋白和蛋黃分開煎並切成絲。

> Tip 想在蒸鯛魚上放香菇絲等或其他材料也都可以。

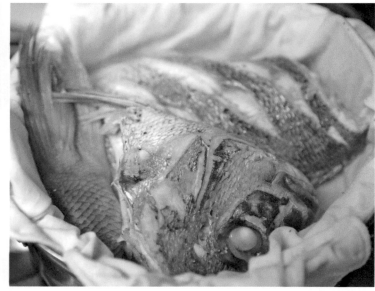

⑧ 如果鯛魚太大，可以分切成3塊。

⑨ 蒸鍋內放入水及少許酒。

⑩ 開始有蒸氣時放進鯛魚，蓋上蓋子蒸25分鐘。

> Tip 一般尺寸（身長30-33cm）的鯛魚約蒸20分鐘左右就足夠，如果魚越大，則需要再蒸5-10分鐘以上。

⑪ 在蒸鯛魚的期間，準備醬汁。將醬汁材料都放入平底鍋內以弱火攪拌。

⑫ 煮2-3分鐘左右放入蒜末（依個人口味）和芡粉水製作醬汁。

> Tip 芡粉和水的比例為1:1，約1/3杯左右就可以。

⑬ 25分鐘後，打開蒸鍋的蓋子，小心將魚移入盤裡，避免魚肉散開。

⑭ 鋪上備好的五色絲。

⑮ 最後均勻淋上醬汁，就完成這道五色蒸鯛魚。

CHAPTER 80

辣味魚湯

雖然家家戶戶的料理風格都不一樣,但要享受辣湯的美味,就必須要有「鮮味」和「魚油」。鮮味可以用鰻魚昆布高湯補強,但最好的是由當季鮮魚的魚骨煮出的天然鮮味,如果使用富含魚油的鯛魚,就可以做出真正辣又爽口的辣魚湯,而不是辣而無味。讓我們一起做出最好的辣魚湯。

漁夫的材料

· 赤鯛（中）魚骨 2條
· 白蘿蔔 1條
· 青蔥 1支
· 艾蒿 1把
· 鹽 少許
· 黑胡椒 少許

※ 2-3人份

漁夫的醬料：調味醬

· 辣椒 2條
· 蒜末 1大匙
· 湯醬油 1中匙
· 辣椒粉 3大匙
· 清酒 3中匙

辣味魚湯 黃金重點

① 建議使用魚油多的鯛魚。
② 在書中，只使用切生魚片後剩下的魚頭和魚骨，魚的頭較大或魚骨較多，湯的味道才會更濃。
③ 去掉凝固的血、鰓和鰭，才能享受更爽口的辣味魚湯。
④ 用鯛魚做辣味魚湯時，最好不要放其他魚種的高湯，如石斑魚、比目魚或非當季的魚，最好是用鯷魚昆布高湯。
⑤ 像辣味湯一樣，需要在鍋內燉煮，因此水要足夠，才能煮出味道醇厚的魚湯。
⑥ 如果用海魚煮辣味湯時，最好不要使用辣椒醬。

RECIPE

① 白蘿蔔、青蔥、艾蒿、辣椒等都切好備用。

② 鍋內放入白蘿蔔，大火煮5分鐘。

③ 在另一個大鍋放入魚骨，並倒入熱水清燙。這步驟在日本料理中被稱為「洗魚」，將表面的雜質和多餘的油脂燙掉。

④ 煮滾的白蘿蔔高湯中放入魚骨和魚頭，用大火煮10分鐘。

Tip 撈掉浮沫，但保留油脂。

⑤ 將醬料全部放入後，改小火再煮10分鐘。

⑥ 將切好的蔥和艾蒿放入，用大火煮1分鐘後關火。

Tip 此時可以試味道，不夠鹹的話可以用鹽補足。

⑦ 根據個人口味添加黑胡椒。

Tip 如果想要更辣的感覺，可以加一點辣椒粉。

⑧ 這樣就可以享用了，但如果等10分鐘冷卻再煮一次，味道會更加鮮美，而且更香濃。

Tip
1. 辣味湯用大火煮15-20分鐘左右最適合。注意如果煮太久，湯汁可能會變苦澀。
2. 依個人喜好可以加入豆芽菜、豆腐、香菇等配菜。
3. 如果是用油脂比較少的魚做辣味湯，放一點喜歡的調味料也沒關係。

CHAPTER 81

泡菜燉斑魢（鯖魚）

許多人覺得魚很難料理，最主要原因是水量和調味料的調配。關於燉魚，你當然最好是遵循固定的規則，但如果經過有效應用，也可以創造出更好吃的美食。現在來學習煮斑魢（或鯖魚），以及如何把各種燉魚料理做得更好吃。

漁夫的材料

- 斑魢 1條（800g/或鯖魚 2條）
- 酸泡菜（整顆）200g
- 白蘿蔔 1/5條
- 馬鈴薯 1個
- 辣椒 2個
- 洋蔥 1/2個
- 紅蘿蔔 少許
- 青蔥 1支
- 蔥醬菜或青蒜（選擇）
- ※ 2-3人份

漁夫的醬料：調味醬料

- 醬油 1/2杯
- 水 2杯
- 辣椒粉 5中匙
- 辣的（青陽）辣椒粉 1中匙
- 糖 3中匙
- 蒜末 1大匙
- 料酒（清酒）5中匙
- 味噌 1中匙
- 黑胡椒 少許
- 薑末 少許
- 芥末 少許
- 麻油 1中匙
- ※ 水和醬油的比例為4:1，另外要去除魚腥味必須用蒜末、清酒、薑末及芥末。1中匙味噌可以幫助去腥也可以增添香甜的味道。

RECIPE

① 去鱗及內臟，內臟的部位用水沖掉雜質。然後取下魚鰓，還要擦乾原位置的血水，才能減少腥味。

② 魚的兩面都劃刀，並塗上薑末。

Tip 魚的鮮度如果很好，可以不用塗抹生薑。

③ 將蔬菜切成適口大小，準備泡菜、蔥醬菜（或青蒜）。

④ 把調味料都混合在一起做成醬料，也可以加上泡菜汁。

Tip 包覆保鮮膜，放冰箱1-2小時，味道會更濃。

⑤ 材料準備完畢後，依次放入陶鍋內。白蘿蔔和馬鈴薯先鋪好，再放上魚、洋蔥、胡蘿蔔、酸泡菜、蔥醬菜等。

Tip 做燉魚時，放食材的步驟很重要，一定要遵守。

⑥ 最後，均勻鋪上醬料，完成燉魚的準備。

⑦ 此時開火直接煮就可以了，前5分鐘用大火煮，放入青蔥，再改小火煮5分鐘。蓋上鍋蓋，如果湯汁溢出來，就將鍋蓋稍微打開留點縫隙。

Tip 鋪在底部的白蘿蔔、馬鈴薯可以防止魚沾鍋燒焦。

⑧ 把煮好的魚移到盤子上。

⑨ 剩下的材料圍在魚周圍，撒一點芝麻鹽即可。

⑩ 當厚厚的魚肉鋪在飯上，搭配白蘿蔔和馬鈴薯一起吃，你可以找回失傳的味道。

CHAPTER 82

鮮蝦辣湯

提到蝦料理，大部分的人都會想到烤蝦，但是如果想喝辣而爽口的辣湯時，像鮮蝦辣湯這樣能保證滿足的料理並不多。秋季時用野生龍蝦煮最棒，但用一年四季都可以買到的養殖蝦也同樣美味。現在就來學習如何做美味的鮮蝦辣湯。

漁夫的材料

- 鮮蝦 500g
- 海鞘 2/3包
- 花蛤肉 1包
- 白蘿蔔 1條
- 櫛瓜 1/3條
- 金針菇 1大束
- 茼蒿 1大把
- 青蔥 1支
- 辣椒 1條
- 鯷魚昆布高湯

※ 3-4人份

漁夫的醬料：調味醬

- 辣椒粉 3中匙
- 湯醬油 2中匙
- 蒜末 1大匙
- 清酒 2中匙
- 味噌 1/2中匙（選擇）

RECIPE

① 如上圖準備所有材料，海鞘、花蛤、蝦子等。

⑥ 放入櫛瓜、蒜末、辣椒片、花蛤肉。

Tip 煮湯汁時，撈出浮沫。

② 陶鍋中放入鯷魚、昆布、海鞘、白蘿蔔等材料製作高湯。依照自己的口味再加入乾香菇、乾鱈魚頭、辣椒籽等，高湯的量大約可以淹蓋所有材料的兩倍（可以煮2.5份泡麵的程度）。

③ 煮高湯期間，混合所有調味醬料。

④ 高湯煮滾後，除了白蘿蔔、海鞘，其他全部撈出。此時可以將幾個海鞘弄破，增加湯的鮮味。

⑤ 放入前面準備的醬料和和蝦子煮1-2分鐘。

Tip 如果喜歡稍微辣一點的人，可以加入少許辣椒粉。

⑦ 最後加入茼蒿、蔥、金針菇，煮
30秒左右關火。

Tip 煮鮮蝦湯時，材料放入的順序
相當重要，一定要遵守。

⑧ 辣又爽口的鮮蝦湯簡單完成。

⑨ 如果覺得吃到蝦殼很麻煩，有些
人會乾脆先把蝦殼剝掉再料理，
但別忘了蝦湯的鮮味來自蝦頭及
蝦殼。

CHAPTER 83

鳥尾蛤薺菜涮涮鍋

鳥尾蛤與薺菜結合的火鍋，豐富了春天的餐桌。鳥尾蛤鮮甜的肉汁和薺菜的清香，兩種食材口感截然不同，卻意外地和諧，堪稱一絕，現在開始一起來做這道料理吧。

漁夫的材料

- 鳥尾蛤 2kg（處理好的蛤肉 1kg）
- 蝦子（大）10-15隻
- 章魚 1隻
- 米粉 適量
- 薺菜 適量
- 娃娃菜（高麗菜）適量
- 青江菜 適量
- 芹菜 適量
- 蔥 適量
- 菇類（金針菇、秀珍菇、冬菇 等）適量

※ 3-4人份

漁夫的高湯

- 昆布高湯 1鍋
- 青蔥 3支
- 洋蔥 1/2個
- 高湯用鯷魚 1把
- 蝦米 1把
- 處理好的蝦殼
- 香菇 1朵
- 大蒜 5-6瓣
- 薑 1片
- 湯醬油 1中匙
- 日本薄口醬油 1中匙
- 鹽 少許

漁夫的醬料

- 辣椒醬（超辣）
- 生魚片醬油和芥末

鳥蛤薺菜涮涮鍋 黃金重點

① 涮涮鍋高湯會愈吃量愈少，因此要準備大鍋子。
② 冷水中放入昆布，在冰箱泡一天再煮出昆布高湯。
③ 青蔥三支切半，蔥白為煮高湯所需，蔥綠則和其他蔬菜一起當火鍋材料使用。
④ 沒有剝殼的鳥尾蛤每1公斤為2人份，處理好的蛤肉每1公斤為3-4人份。
⑤ 處理好的鳥尾蛤一定要用海水洗淨，如果沒有海水，起碼要用鹽水清洗。
⑥ 蝦子用白蝦、阿根廷紅蝦，剝殼後用牙籤將腸泥挑掉後洗淨。
⑦ 蝦殼用來做高湯。

RECIPE

❶ 先從重要的高湯開始製作，首先用將所有高湯材料放入大鍋子煮滾。

❷ 高湯開始滾時，先將昆布取出，打開鍋蓋中小火煮10分鐘，同時撈出浮沫。

❸ 加入1中匙日本薄口醬油和1中匙湯醬油，試喝湯汁如果不夠鹹可以用鹽補足。

　Tip 高湯一定要備足，一開始可以使用一半，之後再倒入剩下一半或是中途陸續補充。

④ 蝦子處理好，鳥尾蛤洗淨後瀝掉水分。青江菜切半，菇類和芹菜切成適口大小。娃娃菜、薺菜、青蔥、金針菇等材料都洗乾淨後，瀝乾水分並放入盤中。辣椒醬、醬油及芥末準備好後，備料完成。

⑤ 高湯煮滾後放入會帶出甜味的蔬菜。

⑥ 鳥尾蛤放入高湯稍微煮過後和蔬菜一起取出。蛤肉會很快熟，不要煮超過10秒。

Tip 品質好的鳥尾蛤在高湯中煮超過10秒也不會縮太小。但如果煮太久，牠特有的鮮美湯汁會被高湯吸走。

⑦ 用筷子將鳥尾蛤、芹菜、娃娃菜、薺菜等春天的食材，依照自己口味沾著醬汁吃。

Tip 一開始可以先不沾醬，品嘗鳥尾蛤淡淡甜甜的鮮美。

⑧ 小章魚或大章魚都可以，如果是小章魚只要煮70-80%熟度就可以了。

⑨ 以米粉來搭配這道涮涮鍋。

272

CHAPTER 84

魚骨湯

「牛骨湯」（Gomtang或Gomguk）又稱牛肉湯、肉湯，是用不同部位的牛骨和肉熬成又濃又白的湯，自古以來就是補充體力的滋補食品。這章我們用鯛魚取代牛肉，熬出美味又營養的「魚骨湯」。

漁夫的材料

- 斑魢（或鯛魚、石斑魚）魚骨 2-3條
- 白蘿蔔 1/3條
- 大蒜 6-7瓣
- 青蔥 2-3支
- 鹽 少許
- 黑胡椒 少許
- 清酒 1/2杯
- 淘米水 1鍋

※ 3-4人份

魚骨湯 黃金重點

① 書中是以3-4人份的魚骨湯製作的，將大量魚骨放入鍋中熬出濃郁鮮味。

② 如果想要做清澈的湯，太多白蘿蔔會讓湯太甜，必須適量。

③ 製作高湯如果放昆布或鯷魚，會失去食物的整體性和魚骨湯的味道，必須注意。

④ 如果要燉出營養的魚骨湯，最重要的不是魚肉而是必須多放魚頭和魚骨。

⑤ 不只是魚骨湯，煮其他清湯時都必須去鰓和鰭，充分清洗並去血漬，才能做出清澈的湯。

⑥ 即使用了新鮮的魚，冷卻再煮一次都會引發腥味，因此魚骨湯和牛骨湯不同的地方是「一頓飯要食用完畢」。

⑦ 鯛魚類魚頭大小依次為赤鯛、黑鯛、斑魢、條石鯛。赤鯛和黑鯛只要使用一個魚頭，就可以相當鮮美；而斑魢和條石鯛的魚頭小，須注意用量。

RECIPE

❶ 白蘿蔔和大蒜如上圖一樣備好。

　　Tip 照片上看到的蔬菜量可以做出 3-4人份。

❷ 蔥切片後，在室溫下放幾小時讓辣味揮發。

❸ 切開魚頭將鰓、內臟、魚鰭等全部去除。另外，還要仔細刮去頸部和頭部的鱗片。

　　Tip 注意，把魚處理得馬馬虎虎，剩一些內臟在魚身上，都會對湯的味道產生不好的影響。

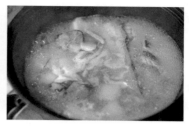

④ 用鹽均勻撒在處理好的魚骨並放
1天以上。

　Tip 如果不放鹽，也可以放在冰塊
　　　水裡泡一會兒，或用沸水澆
　　　燙，也可煮出清澈的湯。

⑤ 在鍋裡放入足夠量的淘米水和白
蘿蔔、大蒜大火煮滾，最少要煮
30分鐘以上。

⑥ 湯開始滾時，放入蔥和酒約5-6
中匙。

⑦ 從魚骨放入的時間開始，用大火
滾25-30分鐘，鍋蓋可以蓋一半
或不蓋。

　Tip 煮湯時要撈除浮沫。

⑧ 從湯滾的時間開始，濃稠的淘米
水會開始變清澈，約20-25分鐘
左右，湯的量就會變少並變成白
色。煮30分鐘以上就關火。

　Tip 煮的時後不需試味道，只要正
　　　式用餐時依自己的口味調整鹽
　　　和胡椒粉的量。

⑨ 將魚骨等其他材料都撈出來丟
棄。骨頭上的魚肉也可以吃，但
細小魚刺和肉會讓湯汁變得混
濁，因此不建議留下。

⑩ 湯舀入碗裡，用鹽與黑胡椒調味
後，加入切好的蔥就是一道鮮美
的魚骨湯。

⑪ 有時候這道料理是用噴槍炙燒過的鯛魚骨熬將近20分鐘，你可以享受
到融合了炙燒和蔥的獨特香氣。

PART 09

海鮮生魚片 & 熟成
漁夫的黃金食譜

CHAPTER 85

醬螃蟹

網路上可以看到各式各樣的醬蟹食譜，但由於種類太多，反而很難找到值得信賴的。這種情況下，最合適的選擇就是參考專家的食譜，並根據自己的口味加以應用。這一章裡我們學習如何製作不加糖也相當好吃的醬螃蟹。

漁夫的材料

· 花蟹 4隻（約1.5kg）
· 烤過的大蔥 2支
※ 4人份

漁夫的醬料：調味醬

· 釀造醬油（或濃醬油）7杯（約 1L）
· 泡昆布的水 10杯（約 1.5L）
· 料酒 1/2杯
· 青辣椒 5條
· 紅辣椒 2條
· 大蒜 10瓣
· 生薑 3片
· 胡椒粒 1大匙
· 甘草 5片
· 肉桂棒（10cm）1條（選擇）

※這食譜不須加糖。
※製作昆布水時，用冷水泡幾片昆布，並放
　在冷藏半天。

RECIPE

❶ 大鍋內放入烤過的大蔥和所有醬料的材料後開火。

❷ 煮開後轉中火，煮約10分鐘後關火。

　Tip 用瓦斯爐將蔥白烤焦，剝去烤焦的外皮後放進鍋中。

❸ 用前面學到的螃蟹處理方法處理花蟹。

　Tip 醬螃蟹用的花蟹，必須要用腹部較寬的母蟹，雖然活蟹比較好，但如果價格太貴，也可以使用冷凍花蟹，購買時，要確認是什麼時候捕撈的，要避免冷凍時間超過1年或蟹黃不夠多。

❹ 處理好的花蟹，腹部朝上擺入寬的桶子。

❺ 將充分冷卻的醬汁倒入桶內，冷藏1天。

　Tip 書中使用的花蟹是漁網捕撈的，所以蟹腳掉落很多。蟹身的肉比蟹腳多，因此以較便宜的價格購買蟹腳掉落的花蟹，也是很好的方法。

⑥ 冷藏1天後將醬汁倒入鍋內煮滾關火。

⑦ 醬汁冷卻後再倒入桶內,進冰箱冷藏2天。

　Tip 這個過程做越多次,越能讓螃蟹入味,一般都經過2-4天左右的靜置熟成。

⑧ 將熟成的醬蟹去掉蟹蓋,如圖片所示的沙袋去除。

⑨ 用剪刀把鰓剪掉,再切成4-6等分,方便食用。

⑩ 盤子鋪上青菜,再擺醬蟹,灑上芝麻鹽並以青紅辣椒裝飾。

⑪ 蟹黃飽滿,看起來十分美味的醬蟹完成。

　Tip 醬蟹的保存期為冷藏一週左右,超過期限應丟棄。如果一週內無法吃完,最好把花蟹單獨放在夾鏈袋中冷凍。剩下的醬油可以做醬牛肉或各種小菜。

⑫ 取下蟹殼,拌入白飯,你就能知道這道料理為何被稱為「白飯小偷」。

　Tip 即使不加糖和洋蔥,也能嘗到用火烤過的大蔥、辣椒、大蒜和新鮮花蟹散發出來的自然甜味。

CHAPTER 86

昆布熟成生魚片

生魚片不會一年四季都是相同的味道,如果不是當季魚類就需要進行提高鮮味的發酵過程。日本料理中,經常讓生魚片吸收昆布的天然鮮味,進行昆布醃漬的生魚片熟成法,現在我們一道來學習。

- 切好的生魚片
- 大昆布（可以把生魚片完全包起來的尺寸）
- 清酒 1/2-1杯（可以依照昆布的量調整用量）
- 鹽 少許
- 保鮮盒

※ 3-4人份

RECIPE

① 準備能包覆魚肉的大昆布。

② 用濕布將昆布表面稍微擦乾淨。

③ 用噴霧器在昆布表面均勻噴上清酒。

④ 魚肉上撒點鹽，但這步驟不做也沒關係。

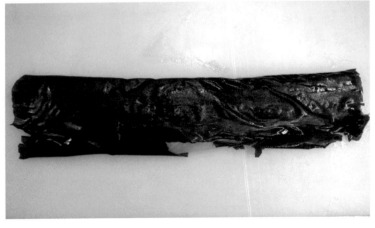

⑤ 用昆布包覆生魚片，仔細捲起來。

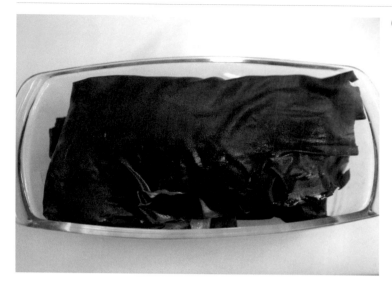

⑥ 為了便於保存，對折後用保鮮膜緊緊包裹，放入保鮮盒密封，然後冰在不經常開門的冰箱發酵專用格裡，發酵一天（以比目魚和鯛魚為基準）。

Tip
1. 生魚片如果跟氧氣持續接觸，會讓鮮度快速下降，因此盡可能避免讓生魚片接觸空氣。
2. 熟成的時間依照魚種有所不同。比目魚和鯛魚須要12-48小時，體積較小的水針魚只要3-6個小時就足夠。也可以運用這個方法在蝦子、魷魚、鮭魚等。

⑦ 完成昆布熟成作業，可以看到表面呈現淡黃色，這是昆布的黏液和多種鮮味成分。

⑧ 熟成生魚片口感會變得較軟，切厚一點可以增強嚼勁。

Tip 每年1-5月進入產卵期的比目魚會湧向沿岸，與冬季相比，此時比目魚味道必然會下降。在這種時候，用昆布熟成處理生魚片，可以品嚐到另一種獨特的美味。

CHAPTER 87

炙燒魚皮生魚片

日本料理用噴槍烤熟海鮮的表皮，已經有很久的歷史，在韓國，才大約發展20年左右。斑魢、赤鯛、三線磯鱸、六線魚、十指金眼鯛等皮較軟的白肉魚，都可以做成炙燒魚皮生魚片。在韓國，是在90年代初期麗水的一家魚店開始販售炙燒斑魢魚皮。這章我們來學習如何用斑魢魚製作炙燒魚皮生魚片。

魚皮與魚肉一起料理，最大的理由是可以提升生魚片的風味，將皮和肉之間的薄脂肪加熱融化，會變得非常美味，再加上特有的炙燒香氣，味道也會提升。另外，魚皮富含營養，使得口感和營養兼具。有人把炙燒魚皮生魚片叫做 yubiki 或 hibiki，但嚴格來說，這兩個說法都不完全正確。日式料理有以下幾種做法。

松皮（まつかわ）	用熱水淋在魚皮上，只有表皮燙熟。赤鯛很常用這種「熟生魚片」的方法。這個處理法的表面就像松樹皮一樣，因此被稱為松皮。
湯引き（yubiki）	將魚肉或魚皮沾上滾燙的水，讓表皮完全熟的方法。海鰻、石鯛、東海鱸等表皮須以沸水焯熟的魚，都是以這方法處理。
ひびき（hibiki）	在魚的表面用火烤過，只有一邊烤熟的日本料理。也稱為炙燒（あぶり，在日本不常用ひびき這個詞），日本通常稱為炙烤刺身。
炙烤刺身（叩き）	炙烤刺身和「炙燒」一樣，都是表面熟、內部沒有熟的生魚片。

① 魚還活著的時候，放血、去內臟、去鱗後切片。用廚房紙巾包起來，放24小時熟成。

② 用噴槍炙燒之前，再度確認魚皮上的魚鱗是否去乾淨。

③ 用可以調整火力的噴槍，從魚肉邊緣開始烤。如果從中間開始，會像烤魚乾一樣捲縮起來，但邊緣卻還沒熟，吃起來會很硬，口感也不舒服，要特別注意。

Tip 為了減少魚肉萎縮的現象，切肉時可暫時不用去肋骨和細刺，而且要用噴槍快速烘烤。也有人會在魚肉插上烤肉串或是在切肉之前先烘烤。

④ 當邊緣的皮逐漸烤熟，肉會開始萎縮，就可以開始集中烘烤中央部分。

Tip 如果過熟，皮和肉會分開，切的時候會散開無法成形，必須透過不斷的練習抓住手感。

⑤ 全部烤好的魚肉，用最快速度放入冰塊水浸泡（10-20秒），生魚片會更結實、更有彈性。

⑥ 去除肋骨和殘刺。此時會發現砧板上有一些黑黑的，這是正常現象，不用擔心。

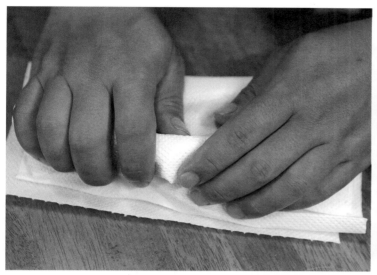

⑦ 在切片之前，先用廚房紙巾或乾布捲起來將水分擦乾。

　　Tip 濕的生魚片不僅不好看，而且對味道和口感也有很大的影響，所以要在乾燥的狀況下切。

⑧ 雖然可以直接切片，如果像上圖一樣直刀切兩直線，會更好吃。

　　Tip 控制好力道，以免刀進得太深。

⑨ 最後以平切方式（直角切），移到盤子內就完成了炙燒魚皮生魚片。

⑩ 做成握壽司能享受到更多美味。

CHAPTER 88

握壽司生魚片

親手製作生魚片放在握壽司上，拿來招待客人是件很酷的事，但是把魚做成握壽司生魚片其實沒那麼簡單。鮮魚壽司的生命在於新鮮的魚肉，用直接宰殺的活魚放血過後，經過一天以上熟成作業。這一章教大家如何製作握壽司，這可以說是壽司的基礎（壽司用的生魚片要經過熟成）。

① 一天或更長時間熟成的魚肉。

② 魚肉邊緣可能有不適合作握壽司生魚片的脂肪和小刺，必須確認後挑掉。特別是和魚鰭連接處的脂肪較多，很少用於壽司（比目魚除外）。所以需要用刀將歪歪扭扭的邊緣切除，讓魚肉看起來光滑。

③ 整理好的魚肉，從中間切開後就如上圖的形狀。

Tip

1. 魚肉正中央的小魚刺一定要挑乾淨。
2. 切好壽司用的魚肉後，剩下的可以拿來做魚丸子、生魚片蓋飯、魚片湯麵。

❍ 背肉（上）、腹肉（下）

④ 握壽司要做得漂亮、美味，就要把魚的形狀切好。因為魚片的厚度、面積、形狀對壽司的完成度有極大的影響。

Tip 魚肉白色的部分朝上，薄的一端面向自己。

❍ 錯誤範例

❍ 正確範例

⑤ 在魚肉最前端抓出要切的模樣，魚肉擺接近水平的角度，用食指與中指輕輕按壓固定，以斜的角度入刀並下拉，刀入肉約80%時直接切斷。可以看到血合肉斷面的顏色相當漂亮。

Tip
1. 日本料理中使用的柳葉刀有右手用和左手用。為了能一刀切斷，必須在刀跟處留出足夠的空間，然後用食指按住刀背才能有力地切開。
2. 如果沒有一刀切到底，魚的表面就不會平滑，而影響口感。

⑥ 第一片魚肉切下來的切面，就是握壽司的模樣。切第一片時，刀子拿得越斜，魚肉的表面就越寬。

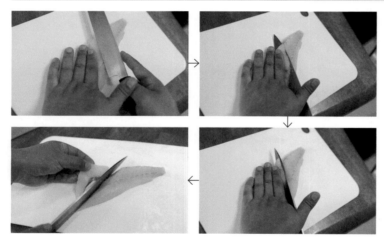

⑦ 用同樣的切法正式切魚片。

　　Tip 如果刀不夠鋒利，切生魚片時會卡住，使魚肉的表面變得粗糙，因此必須事先磨刀。

⑧ 握壽司生魚片就完成了。

　　Tip 有人會以生魚片的厚度和長度來判斷是否為一個優秀的握壽司。但握壽司的魚肉和白飯必須要調和很好，如果有一部分失敗，就會影響到整體的平衡。

CHAPTER 89

水燙鯛魚熟皮生魚片

熟皮生魚片是運用熱水燙、噴槍手法製作的方式，主要源自於日本。近來一般生魚片專門店也不難看到熟皮生魚片的菜單，幾年前都還是高級日本料理店才看得到。這一章學習如何用熱水做鯛魚熟皮生魚片。

① 把去掉肋骨的魚片放在鐵網上。

　　Tip 將魚肉放在鐵網上，在淋熱水時，不會碰到下層的魚肉，水會直接往下流。

② 舀一杓煮滾的水均勻淋在魚皮上，必須從中間開始到魚皮邊緣仔細淋每一個角落。

　　Tip 如果有些部份沒有燙熟，吃起來口感會太硬，所以必須均勻燙熟。

③ 如上圖反覆倒入滾燙的熱水，讓魚肉完全捲縮為止。

④ 確認魚皮都有燙熟，馬上泡入冰塊水裡。

　　Tip 當生魚片泡入冰塊水，會因為熱脹冷縮，而產生富嚼勁口感。

⑤ 只有泡短暫幾秒就撈起來，如果以這形狀直接切片，外觀不會漂亮。

⑥ 用食指和中指，從頭到尾用力按壓，整塊帶皮魚肉就會恢復漂亮的形狀。

⑦ 從魚肉正中間切開，將背肉和腹肉分開。

⑧ 拔除掉魚刺，用廚房紙巾或乾淨的抹布捲起來吸掉多餘水分。

⑨ 切成適當大小，美味的鯛魚熟皮生魚片就完成了。

CHAPTER 90

魚乾製作

不論是直接釣的魚，還是超市購買的魚，都會因為非當季或某些原因影響到魚本身的鮮味，做成魚乾是最好的方法，因為各種胺基酸成分濃縮，讓味道更濃、口感更結實。但是除了海邊和鄉下之外，在大城市的公寓也能曬魚乾嗎？讓我們一起來了解，普通家庭裡如何製作魚乾。

漁夫的準備

- 魚（石斑魚）
- 寬盆子
- 泡菜用塑膠袋
- 水
- 鹽
- 籮筐
- 電扇

HOW TO

① 將魚刺和內臟都去除。

② 製作魚乾時，從背部入刀，剖開後去掉內臟（又稱開背法），但如果已經從腹部切開取出內臟，也可以直接用「開肚法」將魚剖開。

③ 在脊椎骨旁下刀，對半剖開。

④ 頭部也是避開較硬的脊椎骨入刀切開，直到卡住無法繼續切為止。

> **Tip** 握刀法中有五指緊握法，適用於刮腸、重擊切骨、用刀口敲擊。對於這種工作，重型的出刃刀比普通菜刀更好。

⑤ 在大盆內加入足以淹過魚的水量，每1.5L水加1紙杯的鹽。

> **Tip**
> 1. 如果盆子不是乾淨到可以裝飲用水的程度，最好鋪上醃泡菜用的塑膠袋。
> 2. 用手攪拌，讓鹽徹底溶解。

⑥ 讓魚在鹽水中泡3小時。

Tip 3小時是我們歷經無數次錯誤之後得出的結果。在這濃度的鹽水浸泡3小時，鹹淡剛剛好。

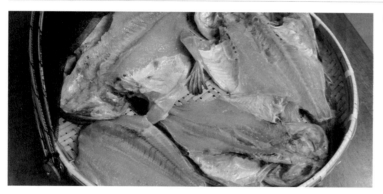

⑦ 3小時後，把魚撈出來，用流動水漂洗，沖掉鹹味。然後瀝乾水分，鋪到籮筐上，魚肉可以完全攤開。

⑧ 從刮冷風的深秋到冬天，都可放在陽台上風乾，而氣溫高的夏季則可在室內打開電扇吹乾。

Tip 籮筐越大越方便，如果是有網子可以覆蓋，就可以放在外面晾曬。

⑨ 在室內用兩支電扇以強風吹6小時，也可以達到一樣效果。

⑩ 把魚翻過來，用同樣的方法吹2小時，就完成了。這樣半風乾的魚，可以劃上幾刀烤來吃，或是用調味醬蒸，也同樣好吃。

CHAPTER 91

鮮魚壽司

在家中自製鮮魚壽司沒有想像中那麼簡單。通常都是將冷藏材料放在醋飯中,或是去超市購買比目魚、鮭魚生魚片直接製作。要做出厲害的生魚片壽司醋飯,只需要把握幾個技巧。這一章我們來學習如何混合醋和傳統醋飯的製作方法。

漁夫的醬料：壽司醋

- 醋 8中匙
- 白糖 3中匙
- 鹽 2中匙
- 檸檬汁 2中匙
- 昆布 1張
※1人份（10-12片）

鮮魚壽司 黃金重點

① 如果打算在超市購買生魚片製作壽司必須注意購買的時間。超市針對晚上時段作的銷售，會在下午3-5點左右以活魚進行包裝。壽司需要注重鮮度，所以魚熟成到一定程度約晚上8-10點。

② 用於壽司的生魚片，都是熟成1-2天的，所以口感也不會太軟。

③ 在1碗米飯中加入半杯左右的壽司醋。

RECIPE

❶ 準備已經熟成好的生魚片，切成一口大小尺寸。一般都會薄切，以斜的角度切可以讓生魚片面積較寬，才能達到捏成握壽司的適當大小。

    Tip 如果是小魚想要做成生魚片，建議可以用調理用夾子，將小魚刺拔除。

❷ 製作壽司醋。將昆布洗淨後放進鍋內，將所有製作壽司醋的材料放入後，開弱火。

❸ 不停攪拌，防止醋煮滾，糖融化後立即關火。

    Tip 製作1人份（10-12個）需要一碗白飯。一般壽司醋比例，醋：糖：鹽為4:2:1，也可以調整為5:2:1（也有高級日式餐廳料理以這個比例製作）。

❹ 煮飯時水要少放一點，而且為沒有添加五穀的白米飯。

❺ 如圖在木製桶內放入一碗白飯，倒入壽司醋。

    Tip 壽司飯要稍微鬆一點，飯粒要粒粒分明口感才好。壽司專賣店會將粘性好與粘性較低的米按一定比例混合一起煮成壽司飯。

6 用木飯杓以刀切的感覺，將飯與壽司醋攪拌在一起，不要傷到白飯的完整。

    Tip 冷掉的飯不會拿來做成壽司飯。

7 直到壽司醋入味為止，用扇子將醋味吹掉。

8 準備好生魚片、醋飯、芥末、一杯水（添加檸檬汁）等製作壽司所有材料。餐廳的壽司飯會放在木製飯桶內，如果在家製作必須將壽司飯放在密閉容器，並在飯鍋內保溫，便可以開始準備做握壽司。

9 先在手上沾點水，然後取適量的米飯放在手中。將飯滾成需要的橢圓形的就可以了，可要注意別讓飯粒像飯糰一樣黏在一起。

    Tip 用筷子夾起捏好的壽司飯，必須不會散開的程度，這樣才方便在嘴裡散開。

10 將生魚片放在握飯那隻手的食指與中指上，另一隻手捏一點芥末塗在生魚片上。

    Tip 在生魚片從上而下塗芥末。

11 將壽司飯放在生魚片上，以大拇指按壓壽司飯中間，讓芥末和壽司飯貼合。

⑫ 翻轉壽司，用拇指與食指輕輕按壓，讓生魚片可以包覆壽司飯。

Tip 生魚片要把壽司飯包成拱形，吃的時候兩種材料才會融合不會散開。

⑬ 比在超市賣的壽司還厲害的生魚片壽司就完成了。

⑭ 做壽司剩下的生魚肉可以做成蓋飯或冷麵料理。

傳統的壽司是用生魚片沾芥末，然後放壽司飯上。但在超市或價格低廉的壽司店，則是利用模具做成壽司飯，在飯塗上芥末，然後在上面放生魚片。但是壽司一旦入口，材料就會分離，生魚片和壽司飯無法融合。生魚片以拱形包裹壽司飯，和沒有這麼做的口感差異相當大。所以我們先好好理解本章的內容，再來開始。

第一次製作壽司會覺得最困難且麻煩，但做幾次之後會發現並沒有那麼複雜，而無法自行在家製作。尤其是壽司，就算技術不夠，只要食材夠新鮮，就可以達到不錯的程度。不妨挑戰一下吧。

生魚片

壽司飯

CHAPTER 92

熟成生魚片

活魚生魚片的特點是富嚼勁，而熟成生魚片則多了柔軟度和鮮味。所有的魚死後肌肉開始僵硬，在一定的時間內開始變硬又鬆弛變軟，儘管魚的種類、大小、保存方法、宰殺方式會有不同，品嚐熟成生魚片的最佳時機是死後3-10小時。這一章我們來瞭解在家中熟成生魚片的基本方法。

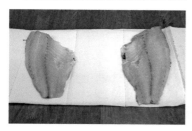

① 將處理好的魚去掉魚骨後，放在廚房紙巾或乾淨的布上。

② 如照片一樣將魚肉捲起。

③ 放入密閉容器後，蓋上蓋子放入冰箱冷藏。不常打開的泡菜冰箱為佳，溫度設定在在1-3℃。

④ 經過3-10小時，熟成生魚片就完成了。

很多人對吃熟成生魚片感到陌生，因為沒有親眼看到。一直以來我們在壽司店、日本料理店都是吃熟成生魚片。在家自製熟成時，必須遵守以下幾條鐵律。

① 使用活魚。

② 為了不讓魚受到壓力，必須一刀宰殺（如果魚不停掙扎或在壓力下死亡都不算即時宰殺，這種魚在熟成時魚肉很容易壞掉）。

③ 在1-3℃的冰箱冷藏，或是在泡菜冰箱中冷藏。

④ 如果喜歡有嚼勁的口感，可以冷藏3-6個小時；如果比較喜歡魚肉鮮味，可以冷藏6小時以上。

Tip
生魚片的鮮味來自於肌苷酸（IMP），是死後2-3個小時生成，24小時達到飽和（參考釜慶大學研究結果），因此不是放越久鮮味越高。如果不是長途跋涉不可避免的狀況，就不需要長時間熟成。

CHAPTER 93

鮪魚生魚片

最近在大型超市或網絡可以很容易找到冷凍的鮪魚。你可能認為製作鮪魚生魚片很容易，只要解凍切片即可。然而它還是需要掌握時機、熟練的刀法，以及美感加以裝飾。這一章我們來了解更多製作鮪魚生魚片的方法，知道了相關的知識，任何人想操作就可以遵循。

要製作鮪魚生魚片之前，需從冷凍鮪魚退冰開始，不同的解凍時間，會影響生魚片的美味，時間點一定要正確。現在我們來看看3種可以維持鮪魚最好鮮度和顏色的方法。

| 流水解凍法 | 將鮪魚放在流動的水中10-30分鐘慢慢解凍，由於從表面逐漸融化，流動的水可以讓鮪魚的表面先溶解，使得顏色變淡，因此應將鮪魚放在真空包裝內或包覆著毛巾。 |

流水解凍法

將鮪魚放在流動的水中10-30分鐘慢慢解凍，由於從表面逐漸融化，流動的水可以讓鮪魚的表面先溶解，使得顏色變淡，因此應將鮪魚放在真空包裝內或包覆著毛巾。

自然解凍法

將鮪魚放在室溫下自然融化的方法。如果將結凍的鮪魚放在室溫中，表面溫度會升高，霜會消失並且流出血水。當室溫到半融化的狀態，移到3℃的冰箱裡（大約需要2-3小時）。自然解凍法可以活用在鮮度高的鮪魚，但是缺點是會花很多時間。在家中如果鹽水解凍法有困難的話，就可以使用自然解凍法。

鹽水解凍法

這個方法最重要的是水的溫度和適當的鹽巴量，也是三種鮪魚解凍法中最常被使用的方法。在與海水接近的環境中解凍，可以避免營養流失，讓鮪魚維持漂亮的顏色。鮪魚的重量、大小都必須調整解凍的時間，因此事前的經驗累積相當重要。現在我們來學習鹽水解凍法的方法。

HOW TO

① 冷凍的鮪魚在流動的水下沖洗，洗去雜質。

　　Caution 因為加工廠裡的鮪魚是用鋸子切割的，所以表面可能有鋸齒或異物，所以一定要清洗乾淨。

② 在微溫的水（約35℃）放入鹽巴，每公升1大匙。

③ 用手輕輕搖動，讓鹽溶解，就會產生與海水相似的鹽水。

④ 把鮪魚塊泡在鹽水裡解凍時間非常重要。鮪魚比較大塊時，必須解凍15分鐘左右，如果是平常購買的鮪魚塊大小，只要解凍5分鐘即可。不需要完全解凍，只要解凍 70-80%即可。

　　Tip 如果解凍太久的話，魚肉容易軟爛，無法切得漂亮。

⑤ 用雙手抓住鮪魚稍微彎曲，將魚肉從鹽水中取出（表面雖已經變色，但內部尚未解凍）。

⑥ 用廚房紙巾包起魚肉將水分吸乾，放在冰箱約1個小時。

　　Caution 在冷藏庫1個小時就可以完全解凍。

⑦ 從冰箱取出鮪魚塊，就像上圖一樣切掉魚皮。

⑧ 使用鹽水解凍法的鮪魚。

> Tip 鮪魚曾在零下50℃以下冰凍保存，一般家庭的冷凍庫（零下20℃）中無法長期保存，最好在購買後1個月內食用。

HOW TO 鮪魚生魚片擺盤準備

① 沒有比白蘿蔔更適合裝飾生魚片了，先將白蘿蔔切絲後泡在冷水5分鐘去除辣味。

> Tip 用白蘿蔔專用刀切很漂亮，但如果沒有，也可以用普通刀子切。

② 用手指將已經去除辣味的白蘿蔔在手掌上捲成一團，將水分稍微抖掉。作出螺旋狀中間挖出一個洞，蓬鬆感覺讓白蘿蔔絲看起來很好看。

③ 調整好模樣的白蘿蔔絲，放在濾網篩去水分。

④ 為了凸顯生魚片，準備大的暗色系盤子，然後把蘿蔔絲擺上，有幾種魚肉放幾團白蘿蔔絲。

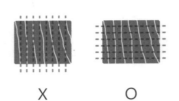

X   O

① 首先是鮪魚的大腹肉（odoro），
黑鮪魚腹部中最前端的部位，其
風味和口感都是上等一品。大腹
肉最尾端有豐富的脂肪，要切成
適口大小，如上圖一樣切成小
塊，就如虛線標注的地方再切一
刀，這樣就能切出鮪魚肚特有的
模樣。

② 剩下的部分必須斷掉筋的方向
切，這樣吃起來才不會太韌。

Tip 無筋或紋路較弱的，可按適當
的方向切，只需考慮大小和厚
度。

③ 切好的鮪魚肚成為上圖的樣子。

⑤ 芥末、芽菜、檸檬片、蒜、嫩薑
以左右對稱的方式放在盤子上。

④ 在蘿蔔絲上放鮪魚生魚片，並分別放4-5片，不需放太多，多反而不好
看。

Tip 裝飾要利用周圍容易找到的葉子、花瓣、檸檬、人造花等，但要避開
有花粉或樹脂的植物。

⑥ 將鮪魚生魚片放在刀上,用噴槍稍微烤鮪魚生魚片表面,就可以輕鬆簡單的品嘗到炙燒鮪魚生魚片。

鮪魚生魚片美味吃法1. 醬油

鮪魚生魚片沾醬油,是真正品嘗味道的方法。醬油最好使用生魚片用醬油,但一般醬油也很不錯。

醬油跟芥末攪拌會稀釋掉特有的香氣,因此建議芥末另外放在生魚片上和蘿蔔絲一起吃。

黑鮪魚和大眼鮪魚最適合搭配醬油。

鮪魚生魚片好吃的方法2. 海苔與芝麻油醬

芝麻油醬是芝麻油加入鹽巴,很多人會把魚片包入海苔沾上芝麻油醬吃。這雖然是個人喜好的問題,但吃高級部位的時候不值得推薦。因為這實際上是為了掩蓋鮪魚不好的味道和腥味而設計的方法。

像劍旗魚這種白肉魚也可以包海苔和芝麻油醬。

CHAPTER 94

水拌小管生魚片

水拌生魚片在東海、南海、濟州島等都有各地特色。由於每個人的口味都不一樣，很難說哪種類型的水拌生魚片是最好的，但這道料理是任何人都會吃得津津有味的料理。這一章讓我們嘗試一下濟州島和南海風格的生拌小管生魚片吧。

漁夫的材料

· 新鮮的小管（或魷魚）2隻
· 小黃瓜 2/3個
· 辣椒 2條
· 水梨 1/4個
· 洋蔥 1/2個
· 芹菜（或芝麻葉）少許
· 蔥 少許
· 紅蘿蔔 少許
· 芝麻鹽（炒過的芝麻）2中匙
※ 2人份

漁夫的醬料：調味醬

· 辣椒醬 2大匙
· 味噌 2大匙
· 辣椒粉 1大匙
· 蒜末 1大匙
· 蘋果醋 8中匙
· 梅子汁 2中匙
· 鹽 少許

水拌小管生魚片 黃金重點

① 加入切碎的韓國芝麻葉會更加美味。
② 辣椒醬和味噌的比例1:2，會更接近濟州島的口味。
③ 爲了做出爽口的味道，不使用高湯、芝麻油和紫蘇油。
④ 梅子汁、梨子汁取代糖，也可以直接加梨子果汁。
⑤ 在超市裡不好買到小管或魷魚生魚片，但想要在網路購買到冷凍的小管及魷魚並不困難。濟州島及南海6-9月、東海1-4月都是小管的季節（編按：在台灣爲夏季），可以買到小管生魚片或是活小管。除此之外的季節都是冷凍小管。

RECIPE

❶ 小黃瓜、紅蘿蔔、洋蔥切細絲，芹菜、蔥、辣椒等都切細末備用。

❷ 調味醬料的材料全部攪拌均勻，用保鮮膜蓋起來，在冰箱內放3-4小時。

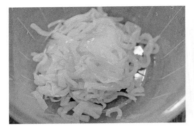

③ 就如照片一樣切小管。

    Tip 小管的身體和頭部都可以使
        用，腳的部分可以拿來煮湯或
        是做炸物。

④ 調理盆內放入小管、芹菜、蔥。

⑤ 準備好的醬料放入一半攪拌。

    Tip 製作水生魚片的時候，蔥、芹
        菜如果事先放入，會更加入
        味。

⑥ 大碗內放入攪拌好的小管，再放
入其他蔬菜。

    Tip 在這階段如果先倒水，請注意
        這些未調味的蔬菜味道會變
        淡。

⑦ 灑上芝麻鹽，放入剩下的調味醬，大致攪拌一下。

⑧ 放入冰塊後再倒冰水。

⑨ 味道如果太淡，醬料可以再多放
一點。

⑩ 涼快的濟州島加南海口味的水拌
生魚片完成。

CHAPTER 95

特製包飯醬

很多包飯醬稱為醬料味噌,可以緩和或去除生魚片的些許腥味和脂肪的油膩味,並提升生魚片的味道。包飯醬料適合鯖魚、窩斑鰶、鰆魚等背部藍色的魚,以及白鯧魚等鮮魚生魚片。這一章所介紹的包飯醬適合所有的白色魚肉。

漁夫的醬料：特製包飯醬

· 辣椒醬 3大匙
· 味噌 2中匙
· 蒜末 2大匙
· 洋蔥末 1/4個
· 蘋果醋 10中匙
· 料酒 2中匙
· 梅子汁 2中匙
· 麻油 2中匙
· 芝麻鹽 1大匙
· 辣椒 10條
※ 4-5人份

第一次見到這個包飯醬是以前在釣長尾斑魬魚時看到的。當地的漁夫將此醬料帶去包肉，將長尾斑魬魚沾上醬料吃。在乾海苔上放一些大麥飯及生魚片一起吃，味道真的非常好。回想起來，我曾在濟州島的幾家餐廳接觸過這種味道的包飯醬。從那時開始，我就特別在包飯醬上放醋和辣椒。成為「濟州島式包飯醬」。雖然褒貶不一，但我還是想推薦給那些喜歡強烈口味的人。

RECIPE

① 將調味醬的材料全部混合攪拌均勻。

② 用流動的水清洗辣椒，切成0.5cm厚度（可以不用去籽）。

③ 剛做好會有點苦澀，蓋上蓋子在冰箱最少冷藏5個小時。

④ 稍微烤過的海苔上放大麥飯，並將備好的材料及2-3片生魚片、1片辣椒包起來吃，就可以嘗到包飯醬帶來的美味。